U0151256

传统服饰文化传承与创新设计研究

乌日图宝音/著

中国纺织出版社有限公司

内 容 提 要

中国传统服饰文化与装饰工艺品设计工艺，是中国民族文化的重要组成部分。本书围绕传统民族服饰，介绍了传统民族服饰的审美特征、外观的印象魅力、其艺术风格与表现手法、文化特征、应用与设计，并由此拓展开来，介绍了传统服饰文化在现代服饰设计中的应用、传统服饰手工艺的创新应用、传统刺绣工艺在服饰创意设计中的运用。全书以传统服饰的生态保护和现代化设计收尾，提倡要择取民族服饰的艺术性进行再创造，适时地在变革中传承、发展民族服饰的艺术性。

图书在版编目(CIP)数据

传统服饰文化传承与创新设计研究 / 乌日图宝音著
-- 北京 ： 中国纺织出版社有限公司，2021.7（2023.5 重印）
ISBN 978-7-5180-8480-7

Ⅰ. ①传… Ⅱ. ①乌… Ⅲ. ①服饰文化–研究–中国–古代②服装设计–研究–中国 Ⅳ. ①TS941.742.2
②TS941.2

中国版本图书馆 CIP 数据核字(2021)第 063877 号

责任编辑：刘 茸
责任校对：高 涵 责任印制：储志伟

中国纺织出版社有限公司出版发行
地址：北京市朝阳区百子湾东里 A407 号楼 邮政编码：100124
销售电话：010—67004422 传真：010—87155801
http://www.c-textilep.com
中国纺织出版社天猫旗舰店
官方微博 http://weibo.com/2119887771
北京虎彩文化传播有限公司印刷 各地新华书店经销
2021 年 7 月第 1 版 2023 年 5 月第 3 次印刷
开本：787 × 1092 1/16 印张：13.5
字数：218 千字 定价：69.80 元

前　言

　　中国的传统服饰文化与装饰工艺品设计工艺，都是中华民族文化的重要组成部分。这些传统文化，随着时代的变迁和社会的进步不断发展，不仅对今天中国人的价值观念、生活方式和中国的发展具有深刻的影响，而且对人类的进步和世界文明的发展产生了深远的影响。在提倡大力弘扬中华民族文化的今天，人们更加应该深入地研究优秀的中华民族传统文化。

　　民族服饰是一个民族区别于其他民族的文化标志之一，少数民族服饰是我国民间艺术中一朵绚丽的花朵，它们古老朴实、图案生动、造型独特、色彩斑斓，有着浓郁的民族特色。少数民族服饰作为物质文化和精神文化的一种结合体，是一种文化，也是一种语言，折射出不同民族各自鲜明独特的文化内涵。中国民族服装艺术性的产生与少数民族居住的地理位置、信仰、崇拜等主客观条件有着密切的联系。原始民族服装里既含有艺术性也含有落后的元素。当现代文明与原始的民族服装发生碰撞时，我们应当择取民族服装的艺术性进行再创造，适时地在变革中传承、发展民族服装的艺术性。

　　在今天，尊重世界文化多样性，传承与发展本民族文化，认同本民族文化，尊重其他民族文化已逐渐成为各国、各民族的普遍共识。在传统的传承体系中，少数民族文化技艺持有者是如何传承其服饰文化的？具有哪些重要的因素？如何结合现代信息技术对少数民族服饰文化进行传承与革新？现代传媒技术会对少数民族服饰文化传承带来什么影响？是否具有积极的意义？这些都已成为学界热切关注的话题。

　　本书在撰写过程中，对前人有关服饰文化与装饰工艺品的资料进行了借鉴和吸收，在此对其作者表示诚挚的谢意。由于时间仓促，水平有限，书中难免会有遗漏与不妥之处，恳请广大读者批评指正。

乌日图宝音

2021 年 3 月

目　录

第一章　传统服饰综述

第一节　传统服饰的定义

服饰是人类生存的必备条件之一，人之所以成为社会的或文化的人，与服饰有着密切的联系。服饰和文化是共生的。服饰的起源与人类文化的发展紧密联系在一起。中国文化源远流长，其中服饰文化的起源、沿革与发展，始终占有重要的位置。

随着原始社会的解体，私有制和阶级的出现，奴隶社会的建立，生产力的进步，人类的婚姻也由"血缘家族"过渡到"群婚家族"。在这个时期，一些氏族、部落已经有了不同的称谓和泛称，在这个基础上，人类形成了为数众多的氏族。氏族后来发展成胞族，许多胞族结合起来，形成了不同的部落。部落进一步发展，又形成了不同的民族。人类的服饰随着氏族、胞族、部落的进化，发生着缓慢地变化。民族形成后，服饰也基本定格，并具有本民族的独特款式。这一切风格各异的服饰，正是各民族文化心理结构的对应品。因此，服饰又是构成民族的要素之一，是识别民族的标志之一。

一、服饰的起源

服饰是人类特有的文化现象，是人类进化到一定阶段后的产物。中华民族是人类历史上最古老的民族之一。研究服饰的起源，不能不追溯到上古时期。马克思曾说："人们为了能够'创造历史'，必须能够生活，但是为了生活，首先就需要衣、食、住以及其他东西。因此，第一个历史活动就是生产满足这些需要的资料，即生产物质生活本身。"所以作为人类的第一个历史活动之一的"衣"的生产是随着人类的进化、社会的进步而产生的，它同世界上的万物一样，也经历了一个产生、发展、变化的过程。服饰同时还是古代帝王治理天下的重要工具。《易·系辞》则说："黄（皇）帝、尧、舜，垂衣裳而天下治。"在中国历史上，从商周到清末，服饰"严内外、辨亲疏"，对统治阶级治理天下的确起过极为重要的作用。

关于服饰的起源，比较有代表性的观点有以下三个：

一为"遮羞说"。此观点十分古老，在人类学诞生以前，对此几乎无异议。其观点是身体裸露于他人的面前会感到羞耻，为了遮羞而出现了衣服。这种说法源于基督教的《旧约》，在伊甸园中的亚当与夏娃吃了智慧果之后，有了智慧，对裸露的身体感到羞耻，因此羞耻感促使他们找来树叶以遮盖下体，从此人类开始为遮羞而穿衣戴帽。班固的《白虎通义》云："太古之时，衣皮韦，能覆前而不能覆后。"《白虎通义》里把"衣裳"解释为"衣者隐也，裳者鄣也，所以隐形自鄣闭也"，强调了衣服掩形遮羞的理论功能。《释名·释衣服》说："凡服,上曰衣;衣,依也,人所依以芘寒暑也;下曰裳,裳,障也,所以自障蔽也。"也就是说,除了防寒保暖,服饰还是遮盖人体私处的重要手段。

二为"保护说"。持此观点的人认为,服装的起源是人类为了适应气候环境(主要是御寒),或者是为了保护身体不受伤害,而从长年累月的裸体生活中逐渐进化到用自然的或人工的物体来遮盖和包裹身体。人类在进化的过程中,具有自然防护机能的体毛逐渐退化,为了适应气候的变化,保护身体不受风霜的侵袭,不受野兽的伤害,他们想到利用生活中自然赐予的或自己劳动创造的材料,达到保暖御寒、驱赶昆虫、保护身体、避邪消灾等防御伤害的目的,从而创造了服装。柯斯文在《原始文化史纲》中提出:"最普遍的一种意见认为,衣服是基于保护人的身体,防御寒冷侵袭的必要而产生的,因此认为,衣服首先出现于北方,或者一般地说,首先出现于气候寒冷的地方。"《墨子》佚文载:"衣必常暖,然后求丽。"

三为"装饰说"。即人类制作衣服出于身体装饰美的需要。人类很早就懂得装饰自己,现在越来越多的人认为美的动机是服饰起源的唯一动机。他们认为服装的起因是人类憧憬装饰自己,想使自己更富有魅力,想创造性地表现自己的心理冲动。还认为衣服之起,并不由于保护身体或遮羞,而由于人类好装饰、好卖弄的天性。《韩诗外传》载:"衣服容貌者,所以说目也。"吕思勉《先秦史》第13章载:"衣之始,盖用以为饰,故必先蔽其前,此非耻裸露而蔽之,实加饰焉以相挑诱。"

这三种说法,各有其侧重点和合理性,但后两种说法被人们普遍接受或者说更容易令人信服。因为人类的行为模式,不能从单纯的生理需求来做解释,还要考虑心理因素的存在。因而一般认为,服装起源来自保护说和装饰说的综合,至于遮羞说,实际上包含在装饰说之中。除以上三种基本的说法外,还有"信仰说""挑诱说""偶然说"等,但由于年代久远,服装材料又不易保存,我们已经很难从史前文化中找出服装起源的真实证据,这些学说都只是理论上的解释而已。很显然,真正意义上的服装产生经历了一个相当漫长的发展过程。

二、服装的形成

服装的初步形成大致经历了三个阶段。第一个阶段护体保暖阶段。大约在距今170万年前的旧石器时代早期,人类开始用天然石块、树枝等猎捕野兽,冬天用捕获的兽皮来护体和保暖;夏天则用树皮、树叶遮挡阳光,以免受烈日的照射,阻挡蚊虫的叮咬,避免风雨的袭击。这和动物只依靠其本身皮毛来保护或保暖已有区别,即人类已经脱离了动物的境界。在这种情况下,最原始的服装有了雏形。历史上把这一时期称为猿人时期,即史料记载的所谓茹毛饮血时代。《礼记·礼运》载:"未有火化,食草木之实,鸟兽之肉,饮其血,茹其毛。未有丝麻,衣其羽皮。"

第二个阶段是原始衣物阶段。随着早期人类对世界的认识能力和实践水平的提高及自我意识的逐渐确立，大约在70万年前，早期"智人"学会和掌握了石器的打磨，便出现了各种形状的石器，他们在用石器、树枝等猎捕野兽的过程中，又慢慢地学会了利用树叶或动物的皮毛来保暖护体。尤其是刮削器的出现，使得他们学会了整理兽皮，并依靠狩猎、采集来生活。他们会制造基本的衣着和式样进步的简单工具，开始用简单的饰物以装饰身体。约10万年前，属于现代人种的"智人"，初步掌握了制造基本衣着的工具。在距今4万年至1.5万年前的旧石器时代晚期，由于骨针的出现，原始人类服装状况有了新的改善。正如《礼记•王制》所记载："中国戎夷，五方之民，皆有性也，不可推移。东方曰夷，被发……角方曰蛮，雕题交趾……西方曰戎，被发……北方曰狄，衣羽毛穴居。"据汉代学者郑玄南的考证，最初原始的服装是一块围系于下腹部的皮毛。后来布帛产生，衣裳的制作逐步完善，人们仍然在下腹部围系一块长条状的皮革饰物，以表示对先民所创衣式的纪念，这种饰物叫作"芾"。先蔽其前，再蔽其后。于是将皮革两块缝合起来，这样就形成了下身的裳。接着上古人以动物韧带或植物藤为线，用骨针将大块兽皮缝合，缝制成背心式的服装，这样就产生了衣。因此，上衣下裳便是中国古代先民最基本的衣式了。这一时期使用的衣料几乎都是兽皮毛。

第三个阶段是纤维织物阶段。进入新石器时代的人们从狩猎、采集的生活，进入到定居的农耕生活时代，不再单纯地依靠原始狩猎的采集生活，学会了用动植物纤维制作衣服。随着人口的不断增加，兽皮渐渐出现了供不应求的局面，而树叶、草、树皮又极容易失去水分，变得干枯，并易破碎。于是，人们在长期艰难困苦的生活中，通过不断的观察、实践，最终发现有些植物的皮柔软而有韧性，可以撕成长条，用来编织成网状的衣服，可蔽体防寒。为了穿着更舒适一些，我们的祖先用他们勤劳的双手，把那些粗糙的葛藤皮和野树皮搓得更软，撕得更细，这就是人类最原始的编织物。但是这种方法十分费力，而且不能满足人们的生活需要，随着社会的发展及人们的需求，纺轮、纺车等纺织工具应运而生。我们的祖先逐步摆脱了原始状态的服装，开始穿着进一步改善的衣裳，从此揭开了人类纤维衣料的历史序幕，开始了真正意义上的服装发展历程，人类服饰文化的发展进入了一个新的历史时期。

三、服饰的发展

综上所述，可以说原始社会是中国服装的萌芽时期，它经历了两个阶段：第一阶段即最初的裸态生活，一直到旧石器时代中晚期。这一阶段属于骨针、草藤树叶、鸟羽兽皮为材料的原始服装阶段。第二阶段即进入新石器时代以后，我们的祖先逐步摆脱了十分落后的、费时费力的原始服装状态，通过观察、努力，改变了原始先民的生活状况，穿着改良的服装，为中国服装的形成和发展奠定了基础。服饰经历了"兽皮披"时代、"早期编织装"时代，与中国文化一起进入了文明社会。

夏代是我国历史上的第一个朝代，也是最早的奴隶制社会，这时已经出现了束发的装饰物。商代贵族们已经穿上了丝织品的衣裳，开始用玉器做装饰品。河南安阳出土的石雕奴隶主雕像，头戴扁帽，身穿右衽交领衣，下着裙，腰束大带，扎裹腿，穿翘尖鞋，这大体反映了商代服饰的情况。周代出现了具有严格等级制度的冕服。周初制礼作乐，对贵族和平民阶层的冠服制度做了详细规定，统治者以严格的等级服饰来显示自己的尊贵和威严。那时中原华夏民族的服饰形式主要采用上衣下裳分属制，上衣的形状多为交领右衽，用正色，即青、赤、黄、白、黑五种原色；下裳类似围裙的形状，腰系带，用正色相调配而成的混合色。服饰以小袖为多，衣长通常在膝盖部位，腰间则用条带系束。

春秋战国时期，封建制度基本确立，开始了历史上漫长的封建社会时代，这对服装改革和发展有了很大的推动。春秋战国时期出现一种名为"深衣"的新型连体服饰，它同当代的连衣裙结构类似，上衣下裳在腰处缝合为一体，领、袖、裾用其他面料或刺绣缘边。深衣的出现，改革了过去上衣下裳单一的服饰样式，故深受人们的喜爱，不仅用作常服、礼服，且被用作祭服。可以说夏、商、周、春秋战国时期的服装是中国占代服装与服装制度建立的时期。这个时期完成了中国古代服装最基本的形制。至此，形成了我国传统服饰的两种基本形制——上衣下裳的分属制和衣裳的连属制。同时，随着社会生产力发展的进步，人们已经十分熟练地掌握了制作服饰的技艺。此后，中国历代服装随着社会生产力的发展和进步，人们已经非常熟练地掌握了麻纺织、丝纺织和染色技术，并且出现了提花装置，制造出了许多精美的麻布、丝绸和毛纺织品。这一时期在中国服装发展史及世界文化史上都具有十分重要的地位。

秦汉时期，服饰随着社会变革有了进一步的变化。秦朝服装等级分明，男子服装以袍服为贵。秦始皇时期会让三品以上着绿袍，庶人白袍，皆以绢制。汉代四百年间袍服一直为礼服。袍服取代了"深衣"之后，用途变得更加广泛，不仅男女皆穿，并且成为朝服。

魏晋南北朝时期，我国历史极度动荡不安，战争频繁，是社会经济、文化、人民生活遭严重破坏的时期。但因受少数民族入主中原的影响，这一时期的服饰发生了转折性的变化和发展，尤其是北方服饰受胡服的影响很大，更多地吸收了少数民族的元素。

隋朝统一全国后，综合了汉代、魏晋南北朝以来服装，对服饰款式，尤其是上层社会的官服、礼服做了统一规定。唐代，服装在我国古代史上达到了一个鼎盛时期，服饰行业开始规范，特设立少府监和将作监，管理国家手工作坊的服装制作和生产。唐代与少数民族关系密切、与各国交往频繁，这个时期的服装多姿多彩，呈现出一片繁华景象，唐代服装风格独特，在历史上大放异彩。五代是我国历史上改朝换代的时期，基本上延续唐代后期的服装。

辽、金、元这三个时期是历史上一个特殊的时期，统治者全部是少数民族，这一时期的服装有一个特点，那就是既沿袭了唐宋的服制，又具有本民族浓郁的民族特色。

随着元末农民大起义，元代的统治结束了，开始了三百年的明王朝统治。明代的服饰，大体上沿袭唐制，只保留了宋、元服饰形式中的某些式样，端装、正规、严谨、大方。

清代礼节繁多，所以清代的服饰一律着满族形制，满族妇女的旗袍，经过不断地再创造，在世界妇女服饰之林中，占有极其重要的地位。

1840 年中国从一个独立的封建国家沦为半殖民地、半封建国家。服饰也因为受资本主义文化的影响，发生了重大的变化。除民族服饰外，后期又有了外来西洋服饰，出现了中山装、学生装、连衣裙等，外来元素明显增加。从此也就开始了中外服饰文化、民族服饰文化的大交流。

第二节　传统服饰元素及其特征

一、色彩的特征

在现代色彩学中，通过人对色彩不同的视觉及心理感受，将色彩分为冷暖、软硬、进退、轻重等多种类别。不同的颜色具有不同的感受，即使是服装材料及款式相同的情况下，运用不同的色彩时，服装穿着在人体身上也会产生截然不同的感觉。

例如，明亮鲜艳的色彩由于纯度及明度较高，给人活泼、温暖、膨胀的感觉，如红色、橙色、黄色等颜色。明亮鲜艳的色彩在童装，以及青少年装的设计当中运用较多，能突显出孩童天真、可爱、朝气蓬勃的一面。反之，庄重沉静的色彩，如黑色、灰色、褐色、深蓝色等，此类色相较冷或明度较低的颜色给人安静、严肃、收缩的感觉，较多运用在秋冬季节的服装以及老年装、正装及职业装的设计当中。另外，纯度低、明度高的简单素净的色彩，如白色、浅绿色、浅蓝色等给人轻快、干净、凉爽的感觉，因此，此类颜色则较多运用在夏季的服装设计当中。

服装色彩与服装风格的表达也密切相关，服装的风格包括古典风格、民族风格、浪漫风格、休闲风格、前卫风格等，不同的服装风格在色彩的表达上也独具特色。

古典风格有古典、传统、经典等形象，常以经典的黑色、灰白色、米色、蓝色、棕色、暗紫色等为主要色调，用表达传统文化的意境，体现古典风格典雅、高贵的特征。民族风格服装是指吸收并借鉴东西方民族传统文化的艺术元素与精髓，通过视觉服饰形象，反映民族与世界、传统与时尚的，带有民族服饰元素具有复古气息的服装，所使用的色彩常比较浓烈，以绚丽多彩的色调为主。浪漫风格，是指自然、轻松、优雅，并带有甜美幻想气息的风格，服装整体线条优美动感、讲究意趣，色彩正常采用柔美自然与柔和多样的色彩，尽显浪漫情怀。休闲风格的服装是指休闲装或轻便服，具有日常性、实用性和方便性的特点，这类风格的服装，颜色的使用比较简洁，如轻快明亮的白色、粉色、淡绿色、淡蓝色等，体现出轻快、自由、活泼的服装风格。前卫风格的特点是超出通常的审美标准，离经叛道，变化多端，与古典风格是两个对立的风格流派，服装呈现的是异于常规的结构变化，色彩的使用上常常大胆创新。

服装色彩作为文化隐喻丰富的一种符号，是人类认识世界的重要方式之一，服饰色彩能够反映出不同地区、不同民族的文化内涵、传统风俗，同时传递了不同民族所特有的文化情感，能作为分析和区分各民族文化特色的重要手法。所谓中国传统服饰色彩是指在历史的积淀中逐渐形成的能体现中国人气质、性格、审美情趣的，并具有典型特征和象征意义的色彩。服装设计发展至今，不同时期的服饰色彩在发展演变中，逐渐被赋予了不同的象征意义，但是如今，传统服饰色彩依旧散发着闪耀的光芒，得到了全世界的推重。

在中华文化五千年的发展历程中，中国传统服饰色彩逐渐沉淀出一种独特的变化现象。它具有特定的阶级性、时代性和民族性等特征。中国传统色彩的喜好是从"阴阳五行学说"发展而来，"阴阳五行学说"崇尚青、赤、黄、白、黑五种颜色，被称为五色观念体系。

古代中国太极图，以黑白两色表示阴阳相合，其外在影响表现为月亮的圆缺变化，成为五行观念体系的基础。传统服饰色彩体系主要是由建立在五行观念基础上的彩调所构成的装饰色彩体系，不依赖光源的彩调构成，更注重颜色自身的色度和品质，色彩整体上丰富且和谐。五色观念概念是"阴阳五行学说"理论所衍生出来的产物，其所具备的主观唯我性和象征性，影响了不同时代的社会价值观和艺术审美观，并且持续至今。传统服饰色彩主要包含以下特征：

（一）宗教神秘性

传统服饰色彩具备宗教神秘性。传统服饰色彩的神秘性主要表现在宗教信仰方面。经考古学家发现证明，红色是中国古人最早发现和使用的颜色，因赤铁矿的研磨技术，使红色成为原始人类最容易得到及制造的颜色。自然色彩带给古代先辈们灵感和启示，当普照大地的太阳带给人类温暖，以及动物殷红的鲜血带给人类生存下去的能量，使红色成为原始人类不舍于温暖、希望和生存，因此得到由衷的崇拜与敬仰，被赋予了神圣的神秘意义，红色便成为被中国人最早关注和制造使用的神秘色彩。

当红色一经掌握便被用于原始宗教及巫术活动中，并具有明显的宗教图腾，被赋予了宗教的神秘色彩。从北京山顶洞人撒在遗骨旁的赤色粉末可以得到印证。人类历史遵循着相似的发展轨迹，当中国人的祖先即将告别野蛮的旧石器时代时，古代的欧洲文明也迎来了一片曙光。在欧洲早期人类的绘画中，拉斯科（法）和阿尔塔米拉（西班牙）等洞窟，出现的以牛、马、驯鹿、山羊等题材的洞窟岩画，也同样是用红色描绘的。这些动物岩画在当时不仅是为装饰而画，更多的是赋予了其捕捉和增殖动物等神秘的巫术意义。

除了洞窟岩画，红色还被原始人类当作身体装饰和器物装饰，例如，新西兰毛利人用红色文面、文身，以此来表示勇敢、健壮。随着原始人类对于色彩理解的深入，以及制造颜料能力的进步，还制造使用除了红色外的白色、黑色、黄色和蓝色等，这些色彩在当时同样具有图腾、巫术和血缘标记等神秘色彩意义。

（二）自然和谐性

传统服饰色彩具有自然和谐性。中国传统服饰色彩源于对自然界颜色的崇敬，讲求色彩上的协调同一。自然色彩赋予了古人丰富的想象，原始时期人类的主要服饰材料包括兽皮、天然美石和河蚌等，大多采用的是自然的色彩。中国传统服饰色彩经过长期发展演变，逐渐形成了在对比中寻求协调，在对比中寻求美的形式法则。它注重色彩的高纯度和强对比，注重颜色整体的协调效果。通过采用原色、纯色对比或互补的手法，将它们组合或搭配使用，从而产生一种对比强烈的视觉效应。其和谐性的表现就是，按照这些规律与方法，将对比色彩有秩序地组合到一起，从而达到的协调统一的理想状态，使中国传统服饰色彩形成独特的自然和谐的表达方式。

（三）阶级等级性

传统服饰色彩具有阶级等级性。传统服饰色彩文化所涵盖的内容极广，从人们对自然界颜色的喜爱和崇敬，到阶级等级的产生，色彩已不再是单纯地崇拜而是逐渐发展为一种政治工具。色彩的这种表现方式在很大程度上影响了封建社会人们的服饰色彩审美观，并发展为伦理道德观对服饰色彩发展的约束。色彩成为人们物质文化与精神文明的统一体，是附属于物质之上的主体美的物化形态。随着社会文明的发展以及时代的不断变迁，服装色彩的内涵逐渐显示出了鲜明的阶级等级性和历史时代特征。

当文明的阶级等级社会产生后，中国传统服饰封建色彩以阶级等级标志为主要特征，用不同的色彩区分身份和地位的高低贵贱，是封建等级制度的重要表现之一，并且被赋予了政治伦理的特定含义。服制作为古代帝王为政之道很重要的一项，使政治秩序完成了重要的一部分。最具代表性的如《周礼》中所言："皇帝冕服，玄（黑）衣纁裳，用十二章，从公爵起视帝服降一等用之，"由此可见，服饰的色彩也起到了区分人的尊卑贵贱的作用。青、赤、黄、白、黑是正色，身份高贵的人穿着正色，象征了其高贵的社会地位；而红、缥、紫、黄等间色，象征卑贱，只能作为平民、便服、内衣服色。从上可见，色彩的阶级等级性也是中国传统服饰色彩最具特色的特点之一。

（四）象征性

传统服饰色彩还具有象征性。每个民族由于其长期所成长的自然环境、社会环境不同，会产生相适应的生产方式、生活方式、社会心理，会对一些特殊的符号形成被大众所共同认可的象征含义。如红色，古时又称赤、朱、绛、绯等，被赋予了富贵、吉祥、如意的含义，红色象征着太阳、光明、温暖、希望，深受中国人的喜爱，它被广泛地运用在婚嫁、重要节日，如春节等喜庆的场合，达到喜庆吉祥的视觉效果，寓意着人们能幸福、美好、安康；而白色被赋予严肃和伤感之意，白色，古时又称素色，又为凶丧之色，预示着不祥的丧象。因此，素色则被广泛地运用于丧葬等严肃的活动之中，传统的服饰礼仪中有许多场合也忌讳穿着素色衣服。

从上可知，在中国传统服饰文化中，服饰的色彩已脱离了其自身的属性，而是作为一种礼仪，一种习俗，一种象征被一代代人所传承下来。传统服饰色彩这种符号所具备的象征意义成为中华民族独有的标识，是中华民族文化的体现。

二、造型的特征

服装的造型是指服装由一定的语言符号和形态要素所表达出来的一种静态或动态的形象构成。当一定条件下语言符号和造型要素增加时，服装的形态也会更加丰富。服装造型是在服装设计师的创作下，利用不同颜色、肌理、纹样、材质、手感的面料以及丰富的工艺制作方法，将这些综合元素组合起来，使服装从最初的一个平面转化成一个立体多样的形态。

（一）服装的静止造型

服装的静止造型是指服装平铺在平面上，或者穿着在未运动的人体或人台上保持静止时的形态。此时服装所呈现的是服装的款式、色彩、面料、外轮廓、结构等基本元素，通过将这些元素组合，使服装与着装者的性别、年龄、气质、性格特征与消费层等结合起来。通过将服装穿着在未运动的人体或者人台上，观察服装与人体的协调性，以及服装各零部件之间的比例关系，进而对服装进行调整与修改，使服装的形态达到完美。

（二）服装的运动造型

服装的运动造型是指服装穿着在人体身上并运动时的形态，当人体穿着服装并运动时，服装的形态就变得复杂且变化多端了。随着人体运动起来，服装会随着人体各肢体的变化而变化。通过人体的运动，可以观察服装与人体胸围、腰围、臀围及其他各部位之间的比例关系，再通过设计师的调整和修改，使服装与人体之间的关系达到和谐。

从不同角度去观察，不管是服装的静止形态还是运动形态，都具有不同的个性风格，服装也表现出不同的视觉形态。服装设计首先要符合人体的形态，满足运动时人体变化量的需要，再通过对服装形态的创意性设计使服装别具风格。

传统服饰的局部造型包括：领型设计，如交领、直领、圆领、立领等；袖型设计，如宽袖、窄袖、长袖、马蹄袖、水袖等；襟线设计，包括斜襟、对襟、琵琶襟、一字襟等；褶裥设计，包括大褶、边褶、百褶等，为传统服饰造型形式。

要将中国传统服饰的造型元素与当代服装设计结合，最基础的就是要深入了解其造型特点。传统服饰的整体造型特点主要体现在服装的长短上，主要包括上下衣裳之间的比例、局部与整体的统一关系；在宽窄变化上主要表现为服装与人体的内空间大小程度，程度越大则表现为越宽松，反之则越紧；在服装厚薄上主要表现为服装面料的厚薄度，重点体现在单衣、夹衣及棉衣三种款式上；在平凸变化上主要体现为工艺手法对服装表面产生的平凸视觉效果，使服装表面呈现起伏凹凸的质感效果；在动静变化上体现为人体穿着服装静止时和运动时，服装所产生的变化；在层次变化上主要体现为服装与服装之间、服装与饰品之间的组合和排列，产生一定的秩序感和立体感。

（三）服装的造型特征

不论是传统服装的整体造型还是局部造型，其造型的特征主要体现在其简洁大方和含蓄自由两方面。

1.简洁大方

传统服饰造型上主要以平面构成的结构为主，具有直线形的裁剪、平面化的构成等主要特点，服装整体上呈现简洁大方的特性。在结构的处理上，中国传统服饰常使用直线剪裁方式，与西方的立体裁剪方式形成巨大差异。这种以平面结构为主的服装，所裁剪出来的衣片结构，使服装缝合裁片之间的边缘形状相同，所以制成成衣仍可平摊为二维平面，这也是中国古代服饰造型最大的特点之一。无论是汉袍、深衣、大袖罗衫长裙，还是近代的长衫、旗袍，在结构上都是采用这种平面形态的衣片结构来适应立体的人体造型的。

上衣下裳及衣裳连属是中国传统服装的主体形式，靠这种服装的主体形式调整造型上的纵向之感，以及衣服的外形整体垂顺柔和。重视外形当中线条的造型，使得服装的外形呈现出整体简洁、线条流畅的美感。通过这种平面的裁剪方法所产生的服装形制，使传统服饰在造型上整体简洁而大方，呈现出柔美之感，向西方社会传达着中国服饰文化的神韵。

2.含蓄自由

传统服饰深受中国传统思想，以及传统美学精神的影响，使服饰外形的整体风格还具备含蓄自由的特性。传统服饰造型忽略人体的三维性，不突出人体的外形曲线。这种方式形制上讲究服装与人体、服装与环境之间的自由融合、协调统一，表现出具有含蓄柔美、宽松自由等特点。大襟及对襟是传统服饰的主要形式，结合直线的剪裁方式，表现出服装外形上柔和垂顺的线条，柔和的肩部及筒形的裙袍，形成纵向垂顺的观感，以服装外轮廓及服装内部的线条来传达神韵。不仅削弱人体躯干的曲线之美，也不强调人体的审美价值，使中国传统服饰呈现出含蓄自由的观感，产生人与自然的和谐呼应。

三、面料的特征

服装面料是构成服装的基本元素之一，也是体现服装外貌形态的重要元素，服装面料的选择对于服装具有什么样的形态起到关键作用。中国传统服饰材料的使用具有悠长的历史文化，早在新石器时期，野生的麻、蚕丝及动物的皮毛等就被人们用来进行编织和缝纫。古人最先采用的服饰面料有葛布、麻布、丝绸。葛布主要采用葛藤的茎纤维为原材料加工制作而成。麻有"中国草"之称，它是我国独有的植物品种。麻因其良好的吸湿性、透气性而大量运用在夏装设计中。丝绸则因其柔软舒适的手感、飘逸华丽的质感，以及丰富的品种，成为最具代表性的中国传统服饰面料，在世界各国都享有盛誉。对棉布的使用则是从印度引进之后才开始使用，后成为人们普遍穿着的服装面料。

（一）华丽高贵

中国传统服饰所采用的面料最负盛名的当然是丝绸，中国是丝绸的故乡，古称"丝国"。对丝绸运用不同手法，包括组织重组、肌理再造等面料工艺处理方式，能体现出不同的设计风格，而丝绸所拥有的华丽高贵和气韵生动的特征，成为传统服饰设计中所最常运用的面料。丝织制品其主要风格特征是手感软滑、光泽晶莹、色泽柔和、美观大方、高贵华丽，如各类丝绸、绸缎、锦缎等，因其表面光滑并能反射出亮光，而产生出一种华丽闪耀的视觉效果，体现出传统服饰高贵、精致、光洁的外观，具有华丽高贵之感。

（二）气韵生动

中国传统服饰在材料使用上体现了对"气韵生动"这种境界的追求。这种境界深受中国传统文化及中国传统哲学思想的影响，它不仅是传统艺术的根本标准，也是现代艺术的最高审美追求。中国传统服装在面料讲究使人的着装形繁而不乱、外形圆润、婉转自然的褶皱，结合传统面料丰富多彩的花样，包括飞禽走兽、植物花卉、自然景观等，再运用抽象、具象、写实等艺术表现手法，搭配使用披帛及各种配饰，如丝绦、袍带、裙带等，使服装的整体形象呈现气韵生动的儒雅之态。

四、纹样的特征

中国传统服饰的图案纹样拥有悠长的历史和光辉的成绩，形式及内容都丰富多样。中国美术大辞典是这样解释服饰纹样的："最广泛使用的是植物图案、动物图案和几何图案。从表现模式分析，图案大概经过了抽象、规整、写实等几个阶段。商周时期前的图案简洁、概括，具有抽象的趣味。周时期之后，装饰图案逐渐工整，平衡，对称，布局紧凑，尤其是在唐宋时期更显突出。明清时期，服装图案多写实手法，刻画得栩栩如生，晚清时期，这一特点反映更为突出。现代服饰中的图案，融合并用了抽象和写实的手法，形式多样"。

由此可见，传统服饰纹样通过长期的演变，在历史的沉淀和积累下，发展为内容形式丰富多样的、极具审美性的图案，成为中国最有特点的传统特色之一。

（一）形式多样

中国传统图案最开始源于原始社会的彩陶纹样，彩陶纹样中元素，经过各代相传和沿用，开创了传统艺术的先河。几千年来，随着人们生产方式的变化和审美情趣的不断更新，我国在不同历史时期创造的服饰纹样风格各异，变化多样，呈现了每个民族不同的风俗民情特色和不同的时代风格，充分展现了人类的聪明才智。传统图案纹饰经过历史长期的沉淀，在历史的每一个阶段中，都遗留了反应这一历史时期的文明特征，以及其不能被其他文化所替换的精髓。它所反应的各个不同时期的纹样风格特色，随着时间的推移，不断变化、相承。

中国传统纹样图案的设计，造型上使用了较多的几何纹样。例如，单独图案、二方连续图案、四方连续图案等。还有各种植物纹样、动物纹样和人物纹样等，如花、叶、枝干、鱼、鹿、鸟、狗、羊等。造型上精致美丽，线条活泼灵动是传统图案最大的特点。为增强图案的审美效果，采用了丰富的表达手法来加强图案的装饰性。例如，对称、均衡、重叠、反复、节奏、韵律等形式创作原则，都较常运用在服饰图案设计当中。

（二）寓意深刻

传统服饰大多还蕴涵着较深刻的象征意义。在长期的生活积累中，人类通过图案对其原始本能进行再现，因此，图案在人类的生活初期就已经出现。人们对美好事物的寻求，也常以图案的形式来进行表达。许多图案都被寄予了古人对希望和生存的渴求，也蕴含了丰富的象征意义。图必有意，意必吉利。传统服饰图案使用象征、寓意、比拟、谐音等艺术方法，用以传达人们对美好事物的向往。例如，福、禄、寿三星多被用作为多福、长寿、高升的象征意义。福、禄、寿三星常被用各种物件，如画稿等的装饰上。

随着历史的发展和进步，政治伦理、道德观、价值观、宗教信仰等都与其形式和内涵联系在一起，借以抒发特殊的含意。图案所传达的意义，包含驱邪避灾、纳福招财、祈子延寿、万事如意等人们对生活的美好向往，以及对于真善美的追求，使图案被赋予理想的幻觉。

另外，各种寄意吉利、颜色丰富的服饰纹样，例如，龙纹、凤纹、蝙蝠纹、十二章纹、五彩云纹、富贵牡丹纹、吉祥八宝纹等，是古时皇帝服饰上所常绣的图案，每个纹饰都有其独特的寓意。

五、工艺的特征

服装工艺是服装从设计到成品的必要环节，也是塑造服装形态的重要手段，通过服装工艺可以使服装形态更加生动。服装工艺主要包括缝制工艺、熨烫工艺、装饰工艺。无论是哪种工艺方法，对于服装的整体形态或细节上的变化，都能起到强调和突出形态特点的作用，从整体上与服装的风格相互融合。

（一）服装的缝制工艺

服装的缝制工艺是服装工艺中最基础的一个环节，是将平面的衣服裁片到成衣制成的工艺处理过程，是服装设计从平面图纸构想到三维立体服装形态得以实现的重要手段。服装缝制工艺的技术非常重要，它能直接影响服装的外貌形态和各部位的细节。服装的缝制过程要求整体规整美观，车缝对称、精准，缝直线要均匀垂直，缝褶皱要自然均匀，缝弧线要圆润顺滑，不能出现歪斜、漏缝、错缝。

（二）服装的熨烫工艺

服装的熨烫工艺是继缝制工艺后的处理工程，是对服装部件或成衣进行熨烫处理的工艺，从而使服装部件或成衣外形平整、垂顺，线条挺直，消除褶皱。也可利用"归""拔"等熨烫工艺技术改变纤维的伸缩度与织物经纬组织的密度和方向，使服装的形态能适应人体体型与活动的需求，从而使服装形态服帖、平挺，美观，穿着舒适合体。

（三）服装的装饰工艺

服装的装饰工艺有编织、层叠、拼接、镂空等工艺手段。不同的装饰工艺形式在服装表面形成不同的纹理效果，从而形成独特的视觉感受，例如，编织工艺运用软性线材编织而成具体的形象，以线面结合的方式组成，形成穿插交错的密集构成；层叠工艺以面或片作为基本元素，通过面的层层相叠或堆积的手法，表现服装表面的起伏感、厚实的体量感及错落形成的空间层次感；拼接工艺则是用各种不同图案、不同形状的面料拼接在一起形成的一种服装的结构语言，打破单一和沉闷的感觉，设计效果充满趣味灵动；镂空工艺通过对服装材料进行雕刻达到镂空效果，使服装表面形成独特的视觉肌理，与服装整体相辅相成，成为不可分割的一个整体。另外，装饰工艺还有刺绣、镶边、滚边、花边、丝带等传统装饰工艺，和抽褶、压褶、缉花等难度较高的工艺。

传统服饰的工艺手法主要有以下几方面的特点。

1.手法多样

传统服饰手工艺制作是最古老、最传统的生产方式之一。中国传统服饰注重装饰，传统装饰工艺历史悠久、手艺十分精湛，如刺绣、镶边、滚边、花边、丝带、镶嵌等。除了以上工艺还有蜡染、印染、扎染、拼接、贴绣、手绘和编织等装饰工艺手法。

通过这些不同的装饰工艺形式，在服装表面形成了不同的纹理效果，使惟妙惟肖的图案呈现在我们眼前，把这些图案装饰搭配在各种服装和配饰上，能体现出不同的服饰风格及民族情趣，给我们带来独特的视觉感受，充分展现了传统服饰手工艺的奇特魅力。

其中，刺绣是中国传统服饰上使用最多的手法之一，是服饰手工艺装饰的重要方式。

手工刺绣对丝线颜色、图案、部位的选择灵活多变，可以满足不同消费者的不同审美需求。例如，著名的湖南"湘绣"，四川"蜀绣"，广东"粤绣"，以及江苏"苏绣"，它们被合称为中国的"四大名绣"。除此之外，还有京、杭、闽等各个地域各自有名的刺绣。另外，很多少数民族，如维吾尔族、苗族、土家族、景颇族、藏族等，也都有自己民族的特色刺绣。丰富的工艺技法、特色的材料选用和风格独特的效果，都是这些传统手工艺在服装中的魅力体现。

2.技法高超

随着现代科技的发展，机械化的进程给传统手工艺带来了很大的冲击，很多图案纹样的绣制，可以不通过手工制作，而是通过对电脑的操控用织绣制作出来。但是与传统的手绣相比，机器绣花是无法达到手绣的自然、柔软和亲切的效果的，传统手绣的复杂图案、层叠精细、变化丰富的针法，是机器是所无法比拟的，这也是传统手工艺的价值所在。

然而，在机械化程度的不断加深的今天，以及各类高科技产品的冲击下，传统手工艺产业受到了严重影响，传统工艺面临着慢慢流失的趋势。一方面，如今市场上充斥着众多的机器制作的伪劣手工艺产品，在这样的背景下，难以表现真正的传统手工艺在产品中所包含的价值。另一方面，现代人已经不注重传统工艺的传承，传统手工艺人已经大批流失，民间传统手工艺面临着失传这一严峻问题。

近年来，随着人们对传统手工艺的重视，以及对非物质文化的保护，真正的传统工艺作品受到了越来越多人的欢迎。一件传统手工工艺装饰的服装，比款式和面料都大同小异、流水线制作出来的服装精致细腻，它的价值也远远高于后者。这种承载了传统技艺的高附加值就是其个性化、艺术性、文化内涵及情感魅力在服装中的体现。

第二章　传统服饰的审美特征

纵观我国的民族服饰，仿佛是一个百花竞艳、万象并存的艺术王国，这不仅是因为我国地域广阔、地形多样决定了民族服饰艺术的风格特征具有多元化的倾向，还因为各民族制作服饰的人们，这些服饰制作者善于手工制作并注重技艺表现，在保持传承下来的文化元素基础之上，赋予了服饰独特的审美情趣，民族服饰也因此散发出无穷的魅力。

第一节　斑斓绚丽的色彩美

马克思曾说过："色彩的感觉是美感最普及的形式。"民族服饰最为显著也是最为独具的审美特质是"色彩美"，几乎所有的民族服饰无不在向人们展示着其色彩斑斓绚丽的一面，其色彩给人一种先声夺人的感觉，因而格外引人注目。民族服饰的色彩相比现代服饰色彩，传统的用色更具有一种沧桑的沉淀之美，它的美感是独特的，虽然来源于自然，却是通过对色彩的高度概括、归纳、夸张、想象和变化而来，往往采用平面的、象征的手法，将对象的色彩做概括的表现和简洁的处理，很直白地展现色彩的色相、明度、纯度关系，清晰地强化一种主观意愿，视觉上具强有力的冲击力和形式美，可以说，民族服饰的色彩具有一定的象征性、唯美性。归纳起来，民族服饰在用色上均具有三个共同点：突出主体、丰富的层次感、注重对比与调和。

一、突出主体

民族服饰中，有的色彩变化丰富，有的单纯统一，不管哪种形式，在用色总体上都以一两种色为基础色，再与其他各种色彩相辅相成，强调装饰性的同时突出主体，我们可以概括为："夸张而不过度，修饰而不泛滥"。贵州苗族支系繁多，服饰有上百种，更是以色彩丰富夸张瑰丽著称，而大多数支系的苗族服饰均有一种主导色，如以黑色或深紫色为基调的服饰，上衣和裙子大面积均为深色（黑色或深紫色），部分彩色花边集中在衣领、衣袖边、衣下摆处、裙子沿边，主导色的深暗更加衬托出花边的艳丽，突显了花边精致而丰富的色彩美（图2-1）。

如图2-2所示，该苗族服饰整个背部几乎被色彩纷繁的图案所覆盖，但视觉上能很清晰地看出该服饰是以蓝色为基调，衬托出红绿相间的图案，而看似复杂的图案又能清楚地看出是以绿色为基调，衬托出红色的纹样，这种纹样被苗族人解释为蝴蝶纹，蝴蝶是苗族人崇拜的蝴蝶妈妈，象征祖先的繁荣。众多的红色蝴蝶纹被蓝绿色围绕，视觉上非常突出，也更显蝴蝶纹样的美丽与气势。

图 2-1　以黑色为基调的苗族服饰

图 2-2　以蓝色为基调的苗族服饰

贵州凯里、黄平地区的苗族服饰喜欢佩戴繁重的银饰，全身从头部开始，密密麻麻装饰了各种银花、银泡、银片，这些银饰装饰在以红色、黑色为基调的服装之上，增添了银饰的闪亮质感。银饰在当地苗族人中有富贵幸福的象征意义，认为银饰越多越能给人带来吉祥，用红黑两种色彩衬托银饰之美恰到好处（图2-3）。

图2-3 苗族服饰

黔南地区的侗族服饰色彩清新明丽，色彩关系非常清晰，工艺复杂、色彩运用又非常丰富的纹样集中在衣襟沿边、衣袖、裙腰等处，颜色以淡黄色、淡绿色、粉红色、浅紫色等色为主，服装的其他部分不做任何装饰，使丰富多彩的纹样在单一的深色或浅色基调下，更加突出，纹样的色彩美不言而喻（图2-4）。

图2-4 侗族服饰

二、丰富的层次感

在民族服饰中，层次感的体现也是最为精彩的，通常会通过色彩的色相、明度、纯度，或不同色系的变化来表现，同时构成服装上点线面的各种组合形式，起到了很好的装饰作用，能极大地丰富观者的视觉感受。

彝族是一个文化积存厚重的民族，服饰类型很多，服饰色彩厚重富丽，层次感极为丰富，如图2-5所示中的彝族传统服饰，从色相上看，主要用色就超过5种，但在服装的整体安排上注意明度关系的搭配，其中以深色为基调，辅以明度较高的色块，并按一定规律来布局，特别是裙子部分，彝族的多褶长裙可以说是这个民族服饰特有的，它是以宽窄不同、色彩明度不同的多层色布相拼而成，产生出色彩的丰富层次感。

图2-5　彝族传统服饰

　　同样，很多民族服饰在色彩上也有着很强的层次感，其中苗族服饰表现最为强烈。通常在用色上讲究"层层递进"，大色块中套小色系，小色系再分小色块，并以不同色相来区分。因此，苗族服饰中常见到这种情况：在一个丰富多彩的图案中，色彩是从很窄的面积开始延伸，延伸的同时纹样在变化，色彩也在变化，其中是有规律可循的，如苗族上衣展开图（图2-6～图2-9）、百褶裙展开图（图2-10、图2-11），可看出色彩的层次感极为丰富，色彩的这种组合运用，将苗族服饰上各种图案的精彩内容表现得淋漓尽致。

图2-6　苗族传统上衣展开图1

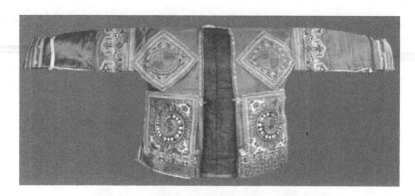

图 2-7　苗族传统服饰上衣展开图 2

图 2-8　苗族传统服饰上衣展开图 3

图 2-9　苗族传统服饰上衣展开图 4

图 2-10　苗族传统服饰百褶裙展开图 1

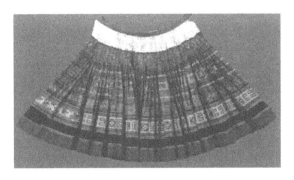

图 2-11　苗族传统服饰百褶裙展开图 2

三、注重对比与调和

民族服饰在色彩的运用上，很多时候采用色彩对比的方式来表现，这样的色彩给人一种明快、醒目、充满生气的效果。不同民族常用的服饰色彩对比方式还有很大不同，有的民族多运用色彩的色相对比，有的多运用色彩的面积对比，有的多运用色彩的明度对比，而大多数民族服饰色彩对比差异非常大，效果自然很强烈，但注重以一定秩序来进行调和处理，使服饰色彩搭配不至于太过生硬，保持了鲜艳、活泼和生动的感觉。

以云南傈僳族服饰（图 2-12）为例，傈僳族服饰从头到脚都用彩色刺绣花边装饰，色彩以鲜艳的大红、翠绿、天蓝、玫瑰红、橙黄等作为主要配色，色相对比强烈到震撼的视觉效果，仔细看所有的彩色图案都以黑色作为底色，起到了保持各色彩的色相对比鲜明的关系，又统一了色调气氛的效果，更显得傈僳族服饰雍容华贵、光艳夺目。民族服饰中，色彩色相对比强烈的民族服饰还很多，如瑶族服饰、藏族服饰、基诺族服饰、彝族服饰、苗族服饰（图 2-13）等。

图 2-12　色彩对比鲜明的傈僳族服饰

图 2-13　色彩对比鲜明的苗族服饰

民族服饰中运用色彩的面积对比方式很多，比如蒙古族服饰（图 2-14）、壮族服饰、白族服饰（图 2-15）、侗族服饰、纳西族服饰（图 2-16）等。这些民族服饰色彩丰富，但用色上注重色彩的面积关系，通常以大面积的色彩衬托出小面积色彩的鲜艳亮丽，或厚重醒目。大面积的用色注重色彩的单纯，小面积的色彩多采用多种色彩并置混合的方式，强调了色彩的对比效果，为取得色彩的和谐感，多在两种色块之间辅以黑色、白色或其他某一单纯的色彩，因此给人一种明快、持久和谐的感觉。

图 2-14　蒙古族服饰

图 2-15 白族服饰

图 2-16 纳西族服饰

　　服饰色彩的明度对比是将不同明度的两色并列在一起，显得明的更明、暗的更暗。明度对比效果是由于同时对比错觉导致的，明度的差别有可能是一种颜色的明暗关系对比，也有可能是多种颜色的明暗关系对比。在民族服饰中，服饰色彩的明度对比给视觉带来了更加丰富的感受，通常，服饰色彩明度对比弱的，效果优雅、柔和；服饰色彩明度对比强的明快、强烈。水族服饰围裙色彩明度关系非常明显，显得层次感很强；藏族服饰的色彩明度关系非常明快，富有节奏感（图 2-17）；哈尼族、拉祜族等民族服饰色彩对比强烈，以大面积深色取得平衡，显得古朴厚重（图 2-18）。

图 2-17 藏族服饰

图 2-18 拉祜族服饰

第二节　丰富多样的图案美

民族服饰图案是文化的一种印记，是对民族精神和审美的展示。民族服饰图案是伴随中华民族的发展壮大而趋于完善起来的，虽然不同民族在表现风格、表现形式上多种多样，但它同时具有两个基本特征：系一个特征是具有装饰美化功能，通过装饰美化追求至善至美的本质；系二个特征是具有超强的想象力和创造性，满足人们征服困难的精神追求，体现对安定和谐、幸福生活的向往。从一定意义上讲，民族服饰图案在满足人们的精神需求同时，以一定的艺术形象传达了一个理想世界，这个理想世界非常丰富，具有深厚的内涵、至美的境界，具有强烈的民族特色。

以下分别从构图表现、形式表现、趣味表现、寓意表现来解析民族服饰图案之美。

一、饱满的构图表现

民族服饰图案产生于民间来自生活，具有很深的根基，它蕴藏着不同民族普通老百姓对生活的亲身感受，虽然风格形式丰富多样，不受任何约束，具有很强的装饰美感，但无论采用何种表现方式都力求表现圆满、完整、完美，因此充满理想化的色彩，构图形象追求大、正、方、圆，看上去很饱满、富足，充分体现了以饱满齐全为美的观念。

许多民族在服装前胸、后背、衣袖、围裙等处喜欢装饰图案，他们把每一块画面当成独立的空间，将各种植物纹样、动物纹样、几何纹样巧妙地组合在一起，形成各种复杂的图案，再采用对称、分割等形式手法将纹样布满画面，使对象都符合饱满完美的构图原则。其中，画面中注重夸大主体形象，主体形象的外围可以设计为圆形轮廓，以适合外轮廓边框，也可设计为方形、菱形等以设计相同的外轮廓边框；主体形象也可设计为紧贴边框，以其他面积更小的形象填充空白，如此这样饱满的构图方式使得主体更加突出，具有很强的视觉张力（图2-19～图2-23）。

图2-19　侗族服饰上的凤鸟纹

图 2-20　苗族服饰图案

图 2-21　瑶族服饰上的太阳纹图案

图 2-22　苗族服饰上图案丰富饱满

图 2-23　羌族服饰围裙上的杜鹃花图案

二、完美的形式表现

民族服饰图案讲究形式美感，众所周知我国民族服饰繁多，且特点鲜明，就是由于民族服饰既具有丰富的内容，又具备与其相适应的形式，内容与形式有机地结合才获得了理想的效果。这里单独强调一下所有形式都离不开内容的表现。失去内容的形式是枯燥无味的，美的体现本质是内容与形式的完美结合。

（一）对称形式

民族服饰图案中的对称形式是表现最多的一种，这种形式的特点是整齐一律，均匀划一，是等量等形的组合关系，给人形成一种端正、安宁、庄重、和谐的平稳感。其实这在所有装饰图案形式中表现较为常见，因为大自然中可看到的对称事物很多，如植物的枝叶、花朵，蝴蝶、蜻蜓之类的昆虫翅膀，人和动物身体的结构等。民族服饰上对称形式的图案表现多严谨、规整、装饰味浓厚（图 2-24～图 2-30）。

图 2-24　小花苗披肩对称图案（贵州毕节市）

图 2-25　苗族服饰上的对称图案

图 2-26　黄平苗族蜡染图案

图 2-27　瑶族挑花裙上的对龙图案

图 2-28　黎锦中的对称蛙纹图案

图 2-29　广西融水花瑶服饰上蛙纹造型

图 2-30　蒙古族服饰上的对称纹饰造型

（二）对比形式

民族服饰图案中对比形式也是较为常用的一种。通常是把两种不同形态、不同颜色、不同大小、不同方向的图案元素并置在一起，比如曲线与直线，大与小，明与暗，多与少，粗与细，暖与冷，软与硬，深与浅等，形成差异、个性，甚至强调各部分之间的区别，让图案的艺术感染力得以增强。这里需要强调一下对比形式的出现往往采用调和手法来达到既有对比又不失和谐美感，使民族服饰图案有明朗、肯定、清晰的视觉效果（图 2-31～图 2-35）。

图 2-31　色彩冷暖对比强烈的装饰图案（贵州普定地区的苗族方形围裙）

图 2-32　色彩对比强烈的装饰图案（拉祜族服饰）

图 2-33　三江侗族胸兜上的鸟纹图案

图 2-34　土家族围裙上的图案

图 2-35　毛南族蝶纹图案

（三）重复形式

民族服饰图案中的重复形式是以相同或相似的形象进行重复排列，可以排列为有规律的重复，也可以排列为逐渐变化的重复。重复的形式并不陌生，在大自然中存在也是很普遍的，如春夏秋冬的交替而导致四季景色的交替变化，植物枝叶的重复排列，日出日落、潮来潮去等都是重复。民族服饰图案有规律的重复给人以稳健、整齐统一之感，逐渐变化的重复给人以疏密有致、有节奏韵律之感（图2-36～图2-39）。

图 2-36　贺州瑶族花围腰（广西百色右江民族博物馆藏）

图 2-37　哈尼族挑花挎包上的回纹装饰

图 2-38　瑶族花围腰

图 2-39　土家族织锦图案

三、特定的趣味表现

民族服饰图案注重情趣的表现，就是不考虑现实当中物象的比例结构、透视关系等方面的客观存在，大胆进行写意、夸张、变形处理，或者将自然形态简化为几何形态，有的表现可爱、稚拙，有的表现力量与气势，有的表现热闹、繁荣昌盛，有的表现生动简练，让人不得不惊叹少数民族人们的丰富想象力、奇妙的审美意识和富于创意的娴熟的表现技巧。当然，趣味的体现离不开其民族独特的审美习俗和观念信仰（图2-40～图2-43）。

图 2-40　黎族织锦上的大力神图案

图 2-41　水族彩色蜡染衣上的鱼纹

图 2-42　苗族服饰上的凤头龙纹

图 2-43　侗族背带上以太阳为中心围绕八个小太阳的图案

四、吉祥的寓意表现

民族服饰图案寓意深厚，且大多是表现吉祥祝福和人们的愿望的，反映了各民族对生活的热爱和对美的追求。通常这类图案不论造型还是装饰方法都很有特色，既有深刻的含义又具很强的装饰功能，这也是民族服饰的价值体现。

从图案纹样的内容来说，大多用大自然天地万物来表现吉祥祝福，如太阳纹、月亮纹、树纹、花纹等。很多民族的服饰上都用到这类纹样，太阳给人带来光明、温暖，象征能抵挡一切邪恶，是逢凶化吉的象征，被很多民族所崇拜，如苗族、瑶族、彝族、侗族等。民族服饰上的太阳图案往往大而鲜明，装饰也较为精致突出。月亮也是人们崇拜的对象，认为月亮是人们的避难之处，是可以依赖的神，因此表现在服饰上较为夸张，一件衣服上可以出现多个月亮图案。树纹、花纹在南方少数民族服饰中表现最为丰富，因为南方温润，树木、花朵品种多而繁盛。树是南方诸多少数民族的"生命树"，希望自己的族群都能够如大树般具有旺盛的生命力，因此树木的纹样表现直立稳重，枝叶细腻精致，成排出现的又代表了勃勃生机。花纹大多寓意爱情的美好和家庭的和睦，各民族服饰上花朵图案的造型千姿百态，装饰手法上运用了传统的夸张变化等手法，以自然形象为基础，加以提炼和概括，从而在形式和内容上都达到了完美的统一（图 2-44～图 2-46）。

图 2-44　盘瑶女子织锦盖头上齿状的太阳图案

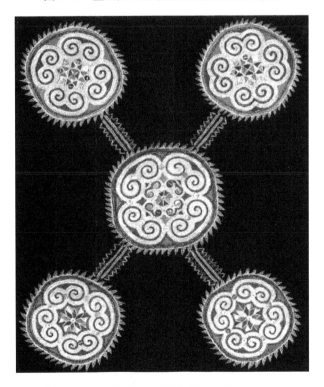

图 2-45　三江侗族背带片上的月亮花和星宿纹

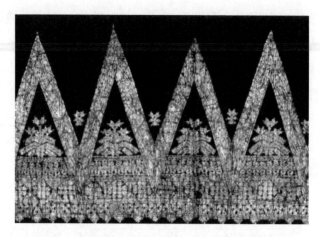

图 2-46 海南苗族蜡染裙上的"楼花"树纹

有的民族服饰也喜欢用人和动物的纹样来表达思想感情。人纹图案多种多样，有的形象夸张，有的概括简练，表现了人的勃勃生机和力量感，是人丁兴旺、战胜困难的象征。动物图案寓意明显，如鱼纹、蝴蝶纹、双凤纹等是体现人们对生育的美好祝愿，在服饰上表现形态美丽可爱。而虎、龙、鹰等是人们对信仰的崇拜，驱邪除病之象征，在服饰上的表现无论造型还是装饰方法都很有特色。

民族服饰中还有很多其他非具象的纹样形态，其表达方式也十分丰富，总的来说，各民族通过身着的服饰，用这些美丽的图案，在有限的天地中创造和表达出无限的精神世界（图 2-47～图 2-49）。

图 2-47 瑶族背笼云纹

图 2-48 壮族背带上的蝶花鸟鱼装饰图案

图 2-49　民间虎头鞋的绣花样

五、精湛独特的工艺美

学服装艺术设计的人都知道，服饰艺术与其他艺术形态不同的是，民族服饰的材质和技术性很强，材质性和工艺性是构成服饰风格的重要因素。我国几乎所有的民族服饰都注重工艺性，如果没有工艺技术做基础，民族服饰艺术犹如无本之木、无源之水，不可能发展成今天这样丰富多彩、瑰丽诱人。"印染""刺绣""编织"等各项传统而古老的工艺长期在老百姓的生活中占据了重要的位置，我国传统观念中，女孩子自小就要学习服饰的各项传统工艺，人们把女孩子掌握传统技艺高低好坏当作评价其能力和美德的标准。如彝族民间有"不长树的山不算山，不会绣花的女子不算彝家女"的说法。在我们今天来看，这些工艺看起来很简单，不需要大型机械设备，但其中却包含着丰富的生产经验和女性智慧，如印染讲究技艺的独特巧妙，刺绣讲究针法的精湛技巧和灵活多变的艺术特色，编织讲究纹样的编排和形式美感，而不同地区、不同民族的服饰工艺又始终保持着浓郁的民族特点和朴实的地方风格。因此，我们说，民族服饰之美也是工艺之美的显现。

归纳起来，民族服饰的工艺之美主要是通过朴素大方的印染、瑰丽多彩的刺绣、厚重斑斓的编织表现出来的。

1.朴素大方的印染

民族服饰印染工艺简便、精巧，可以在手工生产方式的条件下，将白坯布加工成朴素大方、牢固耐用的画布。民间印染工艺种类很多，民族服饰上运用较多的工艺有蜡染、扎染、印花布等。每种工艺都有其独特的处理方式，也形成独特的装饰风格。如蜡染是以蜡作防染原料，用天然蓝草加石灰作染料，经过点蜡、染色、脱蜡的工艺流程，使其呈现出蓝白分明的花纹。由于蜡染工艺在操作过程中容易产生裂纹，染液会顺着裂纹渗入织物纤维，形成自然的冰裂纹，这是人工难以描绘的自然龟裂痕迹，称为冰纹，每一块染出的图案即使相同而冰纹各异，自然天趣，具有其他印染方法所不能替代的肌理效果。我国南方部分少数民族喜爱蜡染，苗族蜡染非常细腻、饱满，图案精致绝伦，堪称民族艺术精品（图2-50～图2-57）。

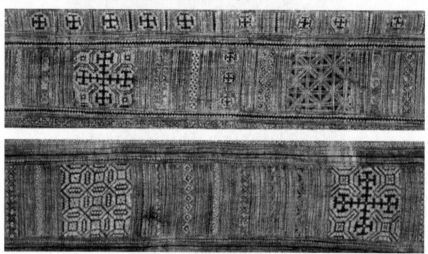

图 2-50　精致的苗族蜡染裙布

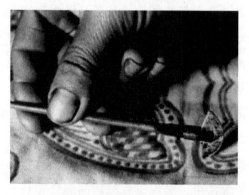

图 2-51　点蜡（是蜡染的重要环节，通常采用蜡刀点绘）

图 2-52　工艺精湛的蜡染裙

图 2-53　四川叙永两河蜡染裙布上的冰纹图案

图 2-54　贵州筠连苗族蜡染图案

图 2-55　贵州重安江背儿带上蜡染图案

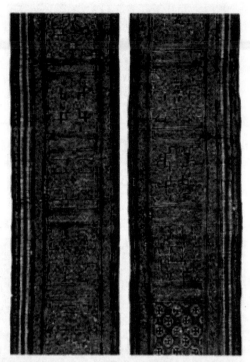

图 2-56　广西清水苗族女子蜡染裙展开图

图 2-57　苗族蜡染围裙

　　再谈扎染工艺，扎染原理很简单，但要染出好的效果，经验和技巧很重要，简单地说是用针线捆扎紧后再投入染缸浸染，重点还是扎染的方法，扎染方法千变万化，扎法各有讲究，这是扎染服饰呈现出颜色深浅、图案生动的主要原因。我国南方许多少数民族喜好扎染，如白族、苗族、布依族等，特别是白族，大理白族的扎染几乎代表了我国现在的扎染艺术和技术水平，扎染图案讲究构图和布局，相比其他民族，白族扎染最为精致、生动（图 2-58～图 2-61）。

图 2-58　用针线捆扎紧的扎染工艺

图 2-59　民族传统扎染中常用到的蝴蝶造型

图 2-60　白族扎染常见到的传统蝶纹

图 2-61　白族扎染中常出现的花蝶福字纹样

再来看看印花布，印花布又分为蓝印花布和彩印花布，二者都有异曲同工之处，都是用雕花版做防染媒介。这项工艺的精髓在于事先要在木版或皮版上刻出设计好的图案，雕刻图案和印图案都要求具备熟练的工艺，图案注重形式美感和寓意。蓝印花布清新明快、淳朴素雅，具有独特的民族风格和乡土气息；彩印花布色调鲜艳明亮，装饰味浓厚（图 2-62～图 2-70）。

图 2-62　蓝印花布皮料印花版

图 2-63 蓝印花布皮料印花版

图 2-64 民间蓝印花包袱布

图 2-65 民间"凤穿牡丹"蓝印花布

图 2-66 传统蓝印花被面

图 2-67 传统彩印花工艺——刷色

图 2-68　羊皮雕刻的小印花版

图 2-69　民间彩印花布

图 2-70　鱼戏莲彩印花布

2.瑰丽多彩的刺绣

刺绣是用彩色丝、绒、棉线，在绸、缎、布帛等材料上借助针的运行穿刺，从而构成纹样的一种工艺。刺绣在民族服饰中是主要的装饰手法，在我国已有着悠久的历史，从出土文物中可以看出，战国到秦汉时期的刺绣已经相当丰富，到清代发展到鼎盛时期，如今的民族刺绣品种繁多，针法丰富，分布广泛，刺绣的技艺也日臻完善。刺绣艺术在少数民族服饰中应用十分广泛，许多女子花费多年时间一针一线地刺绣，只为了制作出一套精美的盛装作为嫁衣。

我国少数民族中，苗族、彝族、侗族、羌族等民族服饰刺绣图案密集丰富，工艺手法精湛，视觉冲击力之强，比其他民族有过之而无不及。其中，苗族刺绣传统针法最为全面，并善于创造新的针法，可以用传统的平绣针法创造出极为细腻精致的图案；还可以将平绣发展成破线绣，即在绣面上绣一针破一针，具体来讲就是把一根丝线从中间破开，这样绣出的图案更为精湛细腻，平整光洁发亮，令人惊叹不已；苗族还擅长用绉绣、辫绣等针法创造出浮雕感的、粗犷厚重的装饰效果，绉绣、辫绣的工艺注重将绣线在绣面上处理得有一定厚度，因此这种刺绣工艺立体感和肌理感很强，既经久耐用，又有一种特殊的质地美，充满强烈的个性特色。由于平绣是各种绣法的基础，在民族服饰中分布最广、使用范围最大，在服饰上大量出现。羌族的服饰装饰几乎离不开刺绣，刺绣工艺以平绣为主，部分裙边、腰带部分结合锁绣和十字绣，显得图案结构紧密、主体突出，色彩厚重丰富。彝族也是热爱刺绣的民族，云南的彝族姑娘爱美，每年举办赛衣节，其服饰绚丽夺目、光彩照人，离不开丰富的刺绣装饰。总之，瑰丽多彩的刺绣给民族服饰增添了无穷的魅力（图2-71～图2-78）。

图2-71　民间刺绣的剪纸底样

图 2-72　有一定厚度的平绣纹样

图 2-73　苗族围裙上的平绣纹样

图 2-74　贵州施洞地区苗族妇女擅长的破线绣工艺（将一根丝线破成多根丝线进行刺绣）

图 2-75 具有浮雕效果的苗族绉绣工艺图案

图 2-76 精致细腻的苗族挑花

图 2-77 精美的侗族刺绣花围腰

图 2-78　布局饱满严谨的羌族挑花

第三节　厚重斑斓的编织美

　　民族服饰上的编织包括"编"和"织"，编有"编结"，又包括了编盘扣和编花结；织有"织花"，又包括了织锦和织花带。这些都特指我国民族服饰品制作的织造工艺，通常采用自制的棉线、丝线进行手工编织。

　　编结在这里专指两项传统手工艺：盘扣和花结，二者都是传统民族服饰中常用的一种装饰工艺，并以精巧而寓意深长的装饰风格而享誉中外。盘扣常用在民族服装的衣领、门襟、衣袖处，常用的材料有绸缎、棉绳、毛料等。盘扣的工艺程序并不复杂，但是讲究工艺的精致、排列组合和创意。盘扣的表现形式多种多样，有蝴蝶扣、鱼尾扣、菊花扣、蜻蜓扣、一字扣，每种类型不仅形态优美，还注重寓意表达。盘扣在服饰上大多按一定方向一定距离成对排列，美观大方，富有节奏感，装饰效果强，具有典型的中国特色（图 2-79～图 2-85）。

图 2-79　传统盘扣形式——叶子形盘扣

图 2-80　传统盘扣形式——葫芦形盘扣

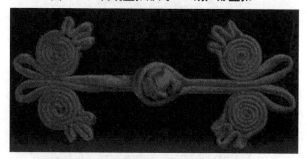

图 2-81　传统盘扣形式——石榴形盘扣

图 2-82　传统盘扣形式——不对称形盘扣

图 2-83　传统盘扣形式——蝴蝶形盘扣

图 2-84　传统盘扣形式——喜字形盘扣

图 2-85　传统盘扣形式——寿字形盘扣

　　花结是将一定粗细的绳带，结成结，用于衣物的装饰。花结在我国已有悠久的历史，传统服饰中的腰饰、佩饰都离不开花结。花结体现了中国传统装饰工艺的智慧和技巧，其花样变化可以说是无穷无尽的。花结常用的材料有丝绳、棉绳、尼龙绳等，有剪刀、镊子、珠针等辅助工具。花结的技艺是熟能生巧的过程，因为花结的形式变化多样，有的看似相当复杂，但只要掌握其基本的编结规律，就能举一反三，但民族服饰的花结之美依然离不开人们无穷的创造力和想象力。

织花是一种传统编织工艺，包括织锦和织花带两类。传统的织锦是直接在木质织锦机上用竹片拨数纱线，穿梭编织成纹样，以彩色经纬线的隐露，来构成奇妙的图案。操作时，数纱严密，不能出任何差错，制一匹锦耗费时间很长，是一门较为复杂高超的传统民族手工艺。我国土家族织锦、侗族织锦、瑶族织锦、高山族织锦、黎族织锦、壮族织锦都很有特色，均以古朴、大方、绚丽而闻名中外，其中土家锦尤其精美，土家锦结构紧密、工艺繁复、图案丰富繁多，织纹讲究规范的形式。壮锦历史悠久，织法有自己的民族个性，壮锦是用丝绒和棉线采用通经断纬的方法，巧妙交织，织物的正反两面纹样对称，底组织被完全覆盖，织物厚度增强，使壮锦结实厚重抗磨。其他如瑶锦、侗锦也很有特色，瑶锦工艺精美，至今仍是瑶族姑娘的定情物和主要嫁妆；侗锦纹样多，但注重整体色调，从色调上分为素锦和彩锦，素锦虽仅为两色细纱线织成，但层次感极丰富，显得朴实大气。

织花带可以说是遍及我国诸多少数民族的一项传统手工艺，这项工艺只需要在一个凳子大小的编织机上完成，织出的花带用于腰带、背裙带、绑腿、背儿带等，长的可达几米。少数民族的织花带很精美，纹样在细细窄窄的空间安排有序，并注重主要纹样和次要纹样的安排，搭配在服装上，丰富了整套服饰的装饰效果。

第四节　天然朴素的材料美

材料是民族服饰的重要组成元素，在服装设计中材料是四大设计要素之一，离开材料就不存在服装，材料（面料）质地的选择会影响到最终设计效果，离开材料的服装设计只能是纸上谈兵。

民族服饰中用到的材料大多为天然材质，也就是原材料都取自大自然，并且通过人们亲自播种、纺纱、纺线、织布、印染、编织、刺绣等手工来完成。民族服饰之所以如此丰富多彩，除了色彩的选择，工艺的精湛，还离不开材料的选择和表面处理，我们决不能忽略材料的手感、质地、颜色、图案对服装的影响，同时，各个民族对材料的选择和处理还融进了本民族独特的文化气质和审美情趣，很多服饰材料不仅丰富了本民族服饰艺术的内容，还从另一个角度传达和陈述着这个民族的观念、历史和现实。

民族服饰材料繁多，常见的主要有棉质材料、麻质材料、银质材料及其他材料。

一、棉质材料

民族服饰衣料大多用棉质材料制作，棉质材料包括棉布、丝织物。这里主要说棉布，棉布是家庭手工业产品，一匹布的完成要经历播种、耕耘、拣棉、夹籽、轧花、弹花、纺纱、织布、染布等过程。过去民间几乎家家户户都有纺织工具，至今很多偏僻的地区还保留纺纱织布的传统手工艺。棉布根据表面花样纹理效果的不同而称谓不同，即平纹布、花纹布。平纹布是指经纬交织的织品，通常称为坯布。人们将原色的坯布或花纹布经过印染、扎染、织绣等处理后，再经过裁剪、装饰，最后缝制成了各种各样的漂亮衣裳。这种从棉花的播种到收获，从面料的纺织到印染、刺绣装饰等全手工制作完成的服饰，具有一种原始、淳朴的美，这是现代工业化生产的面料无法替代的。

其中值得一提的是侗族、苗族服饰所采用的主要棉布：亮布。亮布是一种青紫色或金红色的衣料，因表面呈现似金属发光一样的色泽，被当地人称为"亮布"。亮布的制作工艺特殊，工序也极其复杂。通常是织好坯布后进行染布，染布的温度、染料、配料都很有讲究，染好后晾干再漂洗，再染再洗，一天染洗三次，连染两天后，在另外两种不同染液里分别反复染三次，晾干后加鸡蛋清锤打，然后再染再反复锤打。染好一匹布要半个月到一个月时间，最后染好的布有很强的硬挺度，颜色沉着又不失光彩，有着不同于常见面料的艺术风格，给用它做出的服装增添了一份特殊的魅力。亮布被苗族、侗族作为盛装主要材料，同时也是送礼达意的佳品，亲戚朋友结婚，送一匹亮布，给亲友做衣裳、做床单，因为是自己亲手所织，显得特别珍贵。

二、麻质材料

麻，是一种天然纺织原料，麻在我国的种植历史也很久远，民间麻的纺织也达到了很高的水平，因其纤维具有其他纤维难以比拟的优势：凉爽、挺括、质地轻、透气、防虫防霉等特点，常被织成各种细麻布、粗麻布，是民族服饰中常常用到的一种材料。麻也可与棉、毛、丝或化纤混纺，织物不易污染，色调柔和大方，粗犷，透气。在国际市场上，麻混纺织品享有独特的地位，在日本，麻纺织品比棉纺织品价格高好几倍，在欧美国家，麻制品衣料是高档商品。我国各民族也喜欢用各种麻布做衣服，麻线做缝纫线，麻绳纳鞋底。如我国川滇大小凉山地区的彝族人喜欢穿"查尔瓦"，查尔瓦是用麻辅以羊毛织成的宽大披风，保暖又透气，它的用途很广泛，当地有"昼为衣、雨为蓑、夜为被"的说法。彝族人一生都离不开这件查尔瓦，男子穿上下端有穗的查尔瓦，将它的上端系在肩上颈间，前面敞开，显得威武雄壮，具有一种彪悍豪迈之气。四川阿坝州的羌族人居住在地势较高的山顶或半山腰处，交通不便、环境恶劣，但羌族人都很勤劳，过着自耕自足的生活，身着服饰从上到下均为手工完成，当地人做布鞋多用到麻绳，用麻绳纳鞋底既美观又结实耐用，穿着舒适方便。羌族男子常年穿麻布长衫，长衫多保留了柔和的麻布原色，穿着时只在腰间系一条颜色鲜艳的红腰带，搭配一件皮坎肩，质朴中透露着羌族人粗犷豪迈的性格。

细麻布中，夏布是很有特色的一种麻布，它是以麻为原料编织而成的，因常用于夏季衣着，被俗称为夏布。夏布有"天然纤维之王"的美称，穿着夏布做成的服饰，能感受到布纹细腻，非常典雅透气。现在夏布织造技艺已被列入我国的非物质文化遗产保护名录。

三、银质材料

银是一种金属，由于其本身具有一种柔和美丽的银白色光泽，质地柔软，容易打造出各种精细的形态，常被用在民族服饰上做装饰。银饰在民族服饰中用得最繁多的是贵州黔东南地区的苗族。当地苗族女子盛装用到大量银饰。每逢婚嫁或重大节日，盛装的女子头戴银帽、银冠、银簪，脖子高高堆积几层银项圈，衣服上缀满银片。当地人认为，银饰不仅是可辟邪的神物，更可给人带来吉祥幸福，也是富贵的象征，穿戴越多越能给人自信和满足感。在婚嫁、节日期间，苗族姑娘们穿上光彩夺目的银饰服装，银饰与鲜艳的刺绣搭配起来，色彩对比明快、强烈，更显苗族姑娘的纯朴热情。

侗族人也喜爱银饰，而且以其多而精致为着装美的最高追求。侗族姑娘的节日盛装有数十种饰品，包括银花、银帽、银项圈、银胸饰。这些银饰既讲究工艺上的一丝不苟，又寄予吉祥的意愿。侗族妇女生育后，娘家送给外孙的银饰有银帽子、银锁、银项圈和银手链等，上面刻满吉祥图案代表祝福。

居住在海南岛的黎族也是银饰满身，头上戴银钗，胸前挂银铃铛，颈脖戴银项圈，腰上挂银牌和银链，脚上系银环，还有衣服下摆也缀有排列整齐的银饰。

景颇族女子服装也饰满银饰，过节时，她们前胸挂满各种银饰，有银项链、银项圈，从远处走来，不仅银光闪烁，同时铿锵作响，银饰配上景颇族女子常穿的大红色筒裙和头箍，红、黑、白三色交相辉映，具有强烈的对比效果。其他还有很多少数民族都喜爱佩戴银饰，如藏族、水族、满族、蒙古族等。

四、其他材料

民族服饰中除了用到上述的棉质、麻质、银质等材料外，还用到了很多其他材料，如绸缎、动物皮草、羽毛、流苏等。绸缎质地柔软，富有光泽感，通常用作服装刺绣底布。北方民族和地处高寒山区民族多用动物皮草，用动物皮、毛制作的服饰通常给人原始粗犷之感。如珞巴族人的毛织服装很有特点，保暖实用。鄂伦春族人长年穿着厚重的袍服，袍服多用狍皮制成，妇女们对兽皮加工有着特殊的技能，经她们手工加工过的狍皮柔软又结实，缝制用狍筋，坚韧牢固，再按照美的形式规律在狍面上缝制出线迹，呈现出一种古朴、粗犷、稚拙的审美特征。赫哲族人世世代代生活在松花江、黑龙江和乌苏里江沿岸，渔猎是他们主要谋生手段，渔猎生活给赫哲族人的服饰打上了特别的印记，赫哲族人早年穿的服装，主要原料是鱼皮和兽皮，黑龙江下游的赫哲族人多以鱼皮做衣服，这种鱼皮服极有特色，鱼皮服具有耐磨、轻便、不透水和不挂霜的特点。在哈尔滨黑龙江省博物馆内，保存有一套20世纪30年代赫哲族妇女的服饰，整套服装色彩协调，做工精美，帽子式样分两部分，上部分是圆顶瓜形帽，顶端用兽尾做装饰，帽下部分呈披风状，用以防风寒，帽子及衣服领口、托肩、袖口、裤脚都有染过色的鱼皮剪成的花样和丝线绣的边饰，看起来十分精致美观。

羽毛主要用于装饰服装，比如头饰、裙摆边饰，具有一种独特的美。如羌族在过年过节举行盛大仪式时，男人戴的头饰要插上长长的野鸡毛，越长越直的认为越美。贵州黔东南地区有一支苗族喜欢穿长裙，人称长裙苗，女子头戴高高的银角，银角两端饰有白色的羽毛，所穿的裙子下摆也喜欢装饰白色的羽毛，当走起路或跳起舞时，羽毛便随裙摆摇动，远远看去有一种自然灵动之美。

民族服饰材料极其丰富，其实不管用到哪种材料，材料的质地都会影响到服饰的整体效果，而材质的表面处理更是影响服饰最终效果的关键因素，特别是刺绣、印染、编织和装饰，改变了服饰外观的纹理效果，加上民族文化观念的因素，使民族服饰变得更加有趣而富有内涵。

第五节　个性张扬的造型美

造型是服装存在的条件之一，民族服饰的造型包括整体造型和局部造型，所谓整体造型，即是指从头到脚所有服装和配饰的组合效果，局部造型是指服饰的具体部件的变化。整体造型对形成服装风格特色起着至关重要的作用，局部造型是服装款式变化的关键。

我国民族服饰从总体造型特征来说是"北袍南裙"，也就是说北方民族服饰以袍式为主，南方民族以裙式为主。北袍中的蒙古袍是很有特点的，它的基本造型是立领右衽，镶边长袖，袍身大而肥，下摆长至脚背，风格淳朴雄浑。满族妇女穿的袍是宽大的直筒长袍，袖口平而大，称为"旗袍"；维吾尔族的长袍称为"治祥"，长度齐膝，对襟直斜领，无纽扣，腰间系一条花色方巾；赫哲族人的长袍是以鱼皮作面料，风格浑厚自然，粗犷遒劲，成为北袍中一种很有民族特色的服装。

南裙是西南、中南和东南地区少数民族女子的主要服装，长裙通常很有特色，除了裙身较长外，就是有很多打褶，多者可称为"百褶裙"。彝族、部分苗族、普米族、纳西族等民族都穿长裙，其中彝族的长裙呈塔状，越往下向周围散得越开，舞蹈时候转动身姿犹如一朵盛开的花朵；普米族的百褶裙轻盈飘逸，配上立领右衽短上衣，显得端庄典雅；部分苗族女子的百褶裙皱褶非常多而厚重，配上精美刺绣的上衣，独具风韵。有的民族以短裙为美，黔东南雷山地区苗族女子有一支"短裙苗"，裙身只有18厘米长，但多达几十层，穿在身上裙边向外高高翘起，层层叠叠，像倒垂地盛开的花儿，很是可爱。

当然，也有些民族例外，有的民族始祖从北方迁往南方，现在虽然在南方生活，但保留了北方的长袍式造型，如羌族、彝族等民族。但不管南方民族还是北方民族，上衣下裳（或裤）是服装最基本的结构造型，整体结构的穿着方式及局部变化都是围绕着上衣下裳的基本结构展开的。在这类基本结构中，由于点、线、面的不同移位，形成多种款式造型，如同样是上衣，可以分类为对襟衣、斜襟衣、大襟衣、贯首衣等种类。同样是下裳，可以分类为筒裙、长裙、超短裙、百褶裙、飘带裙等种类。而每一种类又因局部结构的变化，色彩、图案、面料的运用不同，装饰的部位不同，工艺的手段不同而形成了不同的外观造型效果。加之上衣下裳（或裤）的不同搭配，形成不同的整体造型结构，也形成了我们今天所看到的千姿百态的服饰造型。

各民族服饰不管整体造型还是局部造型，其表现大都极具个性。对服饰造型美的追求是各民族人民实用需求结合当地文化观念、宗教信仰、风俗习惯等因素而形成，其造型淋漓尽致地展现了个性美，既虚幻又真实，既古朴又张扬。总之，民族服饰的造型主要通过自然物象的造型和意象的造型展现出来。

一、自然物象的造型

自然物象和民族的图腾崇拜是相关联的，图腾崇拜是人类文化史上一种古老的、普遍的文化现象，有些民族把自然之物尊为祖先，或视为不可侵犯的灵物。服饰与图腾崇拜有着密切的关系，古代人们在婚嫁过节或举行巫术活动的时候，热烈的歌舞要打动人心，要引起众人的虔诚膜拜，就离不开服饰的装扮表现，盛装服饰成为一种媒介，集中了民族服装最出色的部分，随着时间的推移，演变成为今天看到的奇特的服饰造型。

黔西南布依族崇奉牛图腾，当地女子头上包裹着两只尖角往左右延伸的头巾，有青底花格的，有紫青色的，也有白色的，形状恰似两只水牛角，称为"牛角帕"，远远看去，十分挺拔。夸张的牛角形象在苗族服饰中也普遍存在，苗族图腾中的神兽叫"修翅"，其实"修超"就是神牛，造型如同水牛。每逢过年过节，苗族姑娘要盛装打扮自己，要用一小时左右的时间梳头、穿衣，她们身穿银饰和刺绣装饰的斜襟或对襟衣、百褶裙，头戴高高的大银角，这种银角呈半圆形，上小下大，高约80厘米，两角距离宽约80厘米，角尖还用白色羽毛装饰，银角面雕刻有龙、蝶、鸟、鱼、花卉等纹样。这样精致的大银角插在发髻上，奇美壮观，十分引人注目，再搭配一身色彩艳丽斑驳、银光闪烁的银衣，光彩夺目，令人惊叹。

有的民族因对鸟类无比崇敬，服饰造型会有飞鸟的痕迹。如景颇族人有飞鸟崇拜，每年农历正月中旬后要过"目脑节"，目脑节的盛会上要纵歌舞蹈，有四名男子领舞，这四名男子头上均戴犀鸟嘴状的头饰，并插有孔雀的羽毛，舞蹈的时候，头顶的羽毛随节奏挥舞摆动，十分醒目，为节日平添一份欢快。维吾尔族崇尚鹰图腾，他们的帽子因其前后两头颇似鹰嘴，俗称鹰嘴帽，具有明显的个性特色。

二、意象的造型

意象造型是精神思想的反映，民族服饰的意象造型通常跟历史传说和民俗观念息息相关。如贵州的革家人，传说自己的祖先曾经当过朝廷的武官，因为战绩卓著，受到皇帝的嘉奖，被赐得一身战袍，武官无儿子，死前把战袍传给女儿穿，为了让后代记住皇帝的恩赐和家族的荣耀，世代相传，后来，女儿们按战袍的样式改做出了铠甲式的披肩，以示纪念祖先的战绩和历史。因此，后来的革家人不论男女，个个都会一点工夫，姑娘们都身着像古代武士一样的"戎装"，她们头戴红色的圆形帽子，帽檐在脑后高高翘起，显得英武又略带俏皮，上身穿长袖蜡染绣花衣，戴蜡染围裙，披黑色披肩，而服饰的视觉重点就在披肩上，这是一件从前胸一直披到后背腰以下的披肩，中间的方孔就是头部穿进的位置，肩部的肩线如同军服肩牌一样平直，背后看披肩造型犹如一个加粗了笔画的英语字母"T"。这样的打扮有些像古代的武士造型，给人的感觉是妩媚但不失英武，艳丽而又端庄。

云南西双版纳地区盛产孔雀，孔雀作为一种图案纹样出现在服饰中，它的造型也深深影响了傣族的舞蹈服饰，傣族姑娘舞蹈时穿的孔雀裙非常形象，裙身上半部分紧小，保留了傣族传统服饰上身紧贴身体的特点，裙摆部分向下展开，犹如孔雀的羽毛，舞动时，展开的裙摆犹如孔雀展翅，恰如其分地展现了傣族人对孔雀的热爱之情。彝族认为鹰是吉祥鸟，男子服饰造型宽大，穿在身上显得庄严威武，其中鹰一样的服饰披肩造型是勇敢、坚定的象征，常常用来比喻人的英勇顽强。有的学者认为，彝族男子服饰的全身整体造型就像一只鹰，头上裹扎的"英雄结"是鹰嘴，身上披的"查尔瓦"是鹰的羽毛，往岩石上一蹲，就像一只昂首挺胸的山鹰。此说虽为推测，但也不失为一种见解，可以作为对民族服饰造型美的理解和参照。

还有蒙古族妇女头上戴的罟罟冠，造型细长，冠身用天然柳木、竹木、织锦、彩缎等制作，点缀了各种珠宝，长度约35厘米，戴在头顶显得女子个头更加高大，远远就能看到，非常引人注目。这种帽式在元代贵族妇女中盛行，冠身的高大被寓意为离天近，当时只有已婚的贵族妇女和宫廷帝后才能佩戴，表示已婚并显示一种独有的尊贵。

第三章　传统服饰外观的印象魅力

通常人们多有这样的经验，初次求职面试时，总要对自己进行一番修饰：男装得体，女装时尚，以外观传达信息，增加成功率。而处于觅偶恋爱时期的男女，双方总会注重衣着打扮，以悦目之装容博取对方的信任与好感。出席重要会议，多会正装前往，以显重视。本章就此讨论第一印象的形成、人际交往中的服装功能和印象魅力的装饰。

第一节　认知人的"第一印象"

人们在平时的交往中，总会碰到不熟悉的陌生人，而对其作出评判的依据，就是此人的外部资料。这样所得的信息就称为"第一印象"。

一、"第一印象"的形成

当遭遇陌生人时，人们对其作出的评价，称"第一印象"。而这基于往日经验的积累，即以相貌特征、装束特征等信息为依据，并对往后的交往发生或多或少的定量影响。

（一）"第一印象"

人与人之间的交往，产生感觉或印象，属现代社会之必然。人们在交往时，除了听言、观行之外，衣着装扮也是很重要的外观符号（文学、影视等作品中多见），它是人们进行印象认知判断的综合依据之一。例如，新兵入伍、新生到校、去新单位就职，所碰到的人皆是陌生的，毫不认识。这里的言行是因素之一，而外表因素是最初有效的印象认知的依据。服装就是外表判断的形象客体，是了解一个人不可或缺的因素。俗话说，只要看上某人一眼，就能知其职业、性格等信息之大概，即民间的"相貌识人"。有人曾做过实验，某幼儿园衣着入时且长相漂亮的孩子，往往会受老师的宠爱，反之，多受冷落。这也是以貌取人的一种形式。

两个素不相识的人，第一次相遇就其性别、身材、妆容、年龄等因素，调动自身经验积累之库存信息所形成的印象，称第一印象。在众多信息中，性别、年龄、着装这些关键信息，起着判断的重要作用，即对初识者作出职业、性格、地位的判断，这就是第一印象的形成。

研究表明，一个简单的眼神视觉行为，仅30秒，就能判断某个陌生人的性别、年龄、民族、职业、社会地位，并还可推论出他的气质、人际关系、为人态度等特质。

（二）印象判断信息源

为什么能如此快地作出印象判断呢？作为心理现象，印象判断之于服装是很关键的信息源，这是每个正常人都有过的经验，并有过不同程度的实践，都得到服装载体所透露的某些信息所"暗示""提醒"，即服装是认知人的第一印象的重要载体。熟悉世界金融的人，见身穿红色背带、在马戏团（Le Cirque）餐厅用餐，后改穿马球衫、在硅谷沙山街风险资本公司玩桌球的人，便知这些人是20世纪八九十年代华尔街的实力派经纪人。他们每逢周一早晨，以白衬衫、细条纹西服的装束，出现在位于公园大道的黑石集团（Blackstone Group）公司总部。华尔街的新贵，是赚钱能手，人们便知这些人具有哈佛商学院教育的背景。这是衣着外观所传达的信息（图3-1）。所以，身处都市化社会，人与人之间的频繁接触自然是短暂的，虽然不受个人情感影响，但"最初印象往往是形成的唯一印象，而只为了实用的目的，服饰成为包括一个人在内的感知领域的不可分割的紧密部分，服饰不仅提供有关自我、角色和地位的线索，而且还有助于设定感知一个人的场景。"服装在第一印象形成中的重要作用，由此可见。

图3-1　着装者身份、学识背景的外观信息

（三）服装印象效应

据上述所言，可称为服装印象效应。它的形成是有其自身特点的。这就是必须受服装群体业已形成的穿着习惯、定势及流行因素及时尚文化的影响。当与他人初次相遇，就其相貌特征、衣着服饰的有限信息，依据自己所学之积累（自身装扮经验、媒体传播等），对初认识者作出定量特点的判断，即从衣着时尚与否推论该人对潮流之态度，对流行掌握之程度，对服装文化理解之程度，进而推知其性格、特征、爱好、兴趣等。所以说服装是印象形成中的"介绍信"，恐怕也很在理。

因此，服装在第一印象中的作用是不能忽视的，其地位之显要，上文已有所述。选择适合自己的服装，是必要的。因为它是个人信息的重要载体，万不可因穿着不当，或不利生活，或影响工作。这对现代社会的竞争，尤显重要。

二、印象形成的信息整合

信息整合是印象形成的基础，首先是对印象主体所获得的系列信息的整合及其整合的模式，把握信息整合的特点，就能促成有效印象的形成。

（一）印象信息整合

人们印象的形成，主要是通过认知主体对认知对象及其所处的环境所作的认识判断。认知主体就是印象的形成者，他往往根据自己的活动、经验、人生观、价值观、爱好及大脑认知系统的信息储备，对被认知者作出印象判断。由外部特征的仪表、神态、相貌这些非语言表情，进而调动自身的生活积累，开展认识判断，这就是信息整合。特别是作为仪表重要组成部分的服装，往往是最引人注目之所在，衣冠楚楚、西装革履，往往多受礼遇，办事也容易些。因此装扮上当受骗者，也时有发生。这表明"以貌取人"，也不尽可靠。所以，人们虽颇多微词，但仍然还是经不住装扮的"诱惑"，娄戒娄犯。

因为，爱美之心，人之天性。人们的一切活动，全是为了创造美。所以，在长期的社会实践中，人们创造了美的服装文化，形成了群体性的约定俗成的穿衣戴帽之规则。因此，人们非常乐意与衣冠整齐、穿戴得体的人交往，其依据这些信息而整合出的印象得分，也就相应的高；相反，衣装不合俗规，与群不合，往往多遭排斥，印象得分不仅相当低，而且还会划归另类，甚至还会斥为"异端"。

（二）整合模式化

说到信息整合，还须涉及刻板印象和光环效应，这在其他教材中阐述颇多。刻板印象是人们头脑中对某类事和人形成的较为固定的看法，先入为主，不易改变，受传统意识影响较深。服装穿着不求中规中矩，起码应该是符合规范的。如20世纪80年代，面对穿喇叭裤、手提四喇叭音响、留长发的青年，不少人不仅不认可他们的穿戴形式，而且还由表及里对他们的人品提出质疑，认为这不是好人、正经人的装束。有的甚至还告诫子女，万勿与之交往，以免受影响被带坏，所谓"近墨者黑"是也。

与之对应的是光环效应。此说易于理解。"一俊遮百丑"，夸大了社会印象和盲目的心理崇拜。生活经验中"A的特性会含有B的特性"，所以见某人具有A的特性，往往会推断他必有B的特性。

这是明显的个人主观判断，它在第一印象的形成中有较大引导作用。"情人眼里出西施"就是这种逻辑推理的结果。

（三）信息整合特点

面对外部世界的各种信息，无论是物理性的刺激，抑或社会上的声响，皆会造成对视觉、听觉、嗅觉等感觉器官的强烈冲击，人们似乎不是应接不暇，就是难以分辨，陷入一种无序的评判状态之中，即无法给出恰当的印象判断。其实，这是不可能的。人们在社会实践中，初次相识者已学会了基本的方式方法，大多依据相貌、衣着等外形特征，作出印象判断。而经专家们的不懈研究和实验，揭示了其中的奥秘，这就是美国心理学家 C.E.奥斯古德等人（C.E.Osgood）的贡献，即印象评定三个基本维度（或称方面）的概括，具体如下：

评价（evaluation）：好/坏

力量（potency）：强/弱

活动性（activity）：主动/被动

这三个方面有一个共同的重要特点，那就是都离不开对客观对象的评定。而"评价"是其中最重要的维度，也是人们对他人形成印象的基本维度。奥斯古德的研究证实，初次见面，只要把对象置于这三个维度中，即使有再多的评定，也无法增强对这个人的信息。所以，当对某人的印象形成之后，不论正反与否，其余信息资料则处从属地位，或延伸至其他方面。这得归功于社会心理学 S.家阿希（S.Asch）的研究成果，即影响人们"评价"的中心特征（如"热情"和"冷淡"）和边缘特征（"文雅"和"粗鲁"）。而实践中，人们主要是按照中心特征对他人形成印象的，边缘特征作用不大。这里的第一印象，虽然并非总是正确的，但却总是最鲜明、最牢固的，它左右着人们对他人的认知。

第二节　人际交往中的服装功能

社会上的每个人都会有相应的联系，或业务拓展，或求职就业，或购物消费，其中的种种行为，即称之为人际交往。在彼此认知的前提下，还会产生某种情感性的倾向：或爱慕喜欢，或厌恶排斥，心理学称为"人际吸引"，它是认知的深化。而随着时间的推移，交往的频繁，人际的沟通就发生了，它是第一印象的深化，也是"人际沟通"的具体表现。在彼此吸引、沟通的过程中，双方皆为主体，服装作为外在的形式符号的作用，是颇为关键的。

一、服装的符号性

符号在现代社会中的用途广泛，可以说无处不在。服装作为人们展示内心情感的载体，更是充满了符号意义。

（一）符号学

符号学在英语中有两个意义相同的名词"semiology"和"semiotics"，词义相同。区别在于前者由索绪尔创造，欧洲本土人喜欢用；后者为英语区域所喜欢，是对英国人皮尔斯的尊敬。皮尔斯符号学认为，凡符号都由三种要素构成，即媒介关联物、对象关联物和解释关联物。每个符号都具有三维的关联要素。自然中的石块没有意义，但被打磨成石斧而作为工具时，该石块就被标示出特定的含义——石斧、石镰，此时的石斧、石镰就构成了符号。据此可以看出，符号是意义与对象世界之间的结构关系，并据此融合为统一的符号系统，在一定的环境中发挥解释作用。

符号学最早由西方学者阿兰•丘林首先创用。他根据计算机语言符号的原理，设计出一种称为"丘林机"的语言符号系统。

符号学所发现的是支配社会实践的规律，或者如人们所喜欢说的，影响任何社会实践的主要强制力在于它具有指示能力。任何语言行为都是通过手势、姿势、服饰、发饰、香味、口音、社会背景等"语言"来完成信息传达的，甚至还利用语言的实际含义来达到多种目的。

服装穿戴是人际交往的符号，也是一种有个性的语言，通过这些个性化的装束，给人以第一印象；再辅以语言，姿（肢）体等其他符号，就可以对一个人作出初步判断，并以此进行交流、互动。这方面研究成果显著的是执教于美国芝加哥大学的米德（Mead），他是一位社会心理学家，还有他弟子布鲁默（Blumer），都是符号互动理论的构建者和积极推广者。布鲁默的学生考夫曼（也是以服装为研究专题的社会学家）在研究中指出，在社会互动中人们会采取各种策略把自己呈现于他人面前，"就某方面而论，服装是可以促使个体符合社会角色的戏服"。这种见解很形象，很容易理解。

（二）服装符号及含义

了解心理学的人都知道美国曾做过一个著名的"监狱实验"，由招募来的智力和品质并无差别的学生，分别装扮"看守"和"囚犯"。时间为期两周。随着实验的进行，双方的神态和行为发生了剧变："看守"以粗野的言行威胁、侮辱"囚犯"，且多具强迫和攻击性；而"囚犯"迫于压力，变得越来越服从，唯唯诺诺，且伴有愤怒、精神抑郁等心理疾病的征兆。这同龄的青年学子，何以发生如此巨大的变化呢？主持者吃惊之余，不得不中止进行了6天的试验，提前释放"犯人"。这里，空间环境是前提，两组人所穿的服装，起到了界定双方身份的作用。

一组身着土黄色制服（即"布袋衣"），戴反光墨镜，手持警棍和手铐等权力象征物；而另一组所穿则为囚衣、囚帽，且前胸后背印有识别之号码（名姓被剥夺）。

这扮相与日常传媒中警囚形象有关，即处于支配和被支配的地位，大脑中早已形成印象定势。这两组学生装扮的"无声语言"的媒介作用，促其心态、行为等发生了巨变。这表明，整个过程的关键，是服装所具有的标示作用和象征意义，即此时的服装已成了某种符号。这就是美国社会心理学家米德的"符号相互作用论"（也译作"符号互动"的"symbolic interaction"），他论述道，人类的相互作用是为文化意义所规定的，而许多文化意义是具有象征性的。旗杆飘着块带颜色的布，那是国家的象征，军服肩章上的杠和星的数量，是军功和军中地位的象征；新娘身着白色的婚纱，是纯洁的象征。据此米德归纳道，人类的相互作用就是以有意义的象征符号为基础的行为过程。

符号相互作用论有三层意思。

第一，人们根据赋予客观对象的既定意义，来开始相互之间的交往；

第二，人们所赋予对象（事物）的既定意义是社会相互作用的产物，即所赋予之意义必受社会环境、空间的制约；

第三，任何条件（环境）下，人们必会经历一场内心的自我解释过程，"和自己对话"，意在为这个环境确定一个意义，明确采取行动的方法。如司机见交警以手势发出停车信号就会停车。由于司机在社会互动和经验的指导下，已明白交警手势的含义，所以，势必会作出相应的反应，包括行动的和心理的。在这特定环境中，交警制服的标签性传导与手势的强制性符号的相互作用。可以说，一切有意义的物质形式都是符号，符号在生活中到处存在，并在人们的工作中发挥积极的作用。

（三）符号的共通性

符号相互作用论还表明，当采取某种行动时，必须使自己的行为与同一社会环境中的其他人保持一致，即了解同一社会环境中人的所作所为的象征意义。如姑娘精心打扮，并未获得期待中男友的赞赏，此即为未能体察同一环境中人之行为的象征意义，互动亦并未能达到一致，使其效果大打折扣。

人际交往的双方，若需沟通达到理想预期之效果，须有一套统一或大体相近的符号，这约定俗成的符号，可以是语言的，也可是非语言的，用来代表任何事物的社会客体。符号的统一性和意义体系，保证交往双方的顺利沟通，不致因无法译码而发生沟通障碍。

二、外观魅力和服装

人际交往中的外观魅力，就视觉感官而言，当首推服装。且此魅力受某些心理机制的制约，并以视觉观感为主要特色。

（一）服装外观魅力

在人际交往中，服装的外观具有吸引人的诱发因素。有些推广资料就据此设计了出色的作品，供人欣赏，以达到引导销售的目的。服装作为人体的外部装饰，与个人的相貌、体态共同为认知对象的构成要素。交往中，因其作为视觉的第一感知要素，所以，也可称为首因效应。它是人际吸引中的诱发因素，以致形成令人羡慕的外观魅力，即服装的魅力。

经验表明，人们对某个人的喜好，与其外表魅力关系密切，服装及服饰等的装扮效果，给予外表魅力的影响是非常直观的，值得重视。这就是服装的魅力性和服装的类似性。前者是指个人着装形象对他人所产生的吸引程度。它可分为服装美的吸引力（与人的魅力性关系极大）、流行时尚吸引力和性的吸引力这三个方面。后者为服装的类似性，指交往者彼此装束的相似或相近程度，共处这样的环境，双方都有种平和的亲切感，可改善、增进人际吸引的效果。如价值观念和态度、信念、感情与己相似的认知人，如穿着爱好相同，都喜欢赶时髦，就极易互相吸引。生活中，人们对相貌美、气质雅的人，常可引起基本的喜悦之情，并往往能激起亲近欲望。

（二）魅力心理机制

心理学家认为，人际关系的结构，包含着认知、情感和行为三个互相联系与相互制约的成分，其中以情感相悦和价值观相似为核心。

情感相悦。交往双方都通过服装认知对方，但还赞赏彼此的衣着打扮，而后有进一步的接触、交往。由于双方了解的增多，产生了好感并相互接纳。反之，交往不舒畅，要想发展到相悦那是不可能的。这里所说，服装是认知他人的物质载体，也是联系感情的纽带。

接近因素。人与人之间，时空距离越接近，互相交往的机会就越多。如服装企业的员工，由于工作的缘故，交往的机会就多，容易形成共同的认识、共同的观念和共同的信念。在这种时空距离中，很容易了解对方，因此互相间的关系也就密切。当然，也就容易互相吸引。

首因效应。从心理学角度看，可包含自然的、装饰的、行为的这三大诱发因素。自然的诱发因素，主要指服装的自然属性，即服装穿在身上功能佳、适体。通常见有人穿什么都合适，好像真的是"天生丽质"、像"水仙似的"美，其实，是与所穿之服装分不开的。因为有嫩白肤色之装的衬托，是人与服装的结合而出现的佳丽之效果。再质美之人，也须善于打扮，没有服装的适当配合，其美也是不完整的。

（三）魅力视觉外观

俗话说："好鞍配好马，宝剑赠英雄"，说的是配饰的重要性：一是恰当；二是自然；三是简洁。服装装饰之要义，在于画龙点睛，为着装者添彩。这是视觉观察的结果。美国小说《飘》写斯嘉丽时，说她"长得并不美，可是极富魅力，男人见了她，往往要着迷"，为什么会有如此感受呢？打扮也并不艳丽，"身上穿着新制的绿色花布春衫，从弹簧箍上撑出波浪纹的长裙，配着脚上一双也是绿色的低跟鞋"。可接下来的描写，就显出美之出色之所在："穿着那窄窄的春衫，显得十分合身。里面紧紧绷着一件小马甲，使她胸部特别隆起"，这后面的文字正是装饰打扮最出彩的地方，诱发了关注者之审美目光。

就视觉能力而言，人们对进入视线的认知对象，首先是服装的颜色和廓型，而后才是着装者的相貌。英国社会学者说过，所有的聪明人，总是先看人的服装，然后再通过服装看到人的内心。美国有位研究服装史的学者还指出："一个人在穿衣服和装扮自己时，就像在填一张调查表，写上了自己的性别、年龄、民族、宗教信仰、职业、社会地位、经济条件、婚姻状况、为人是否忠诚可靠，他在家中地位及心理状况等。"由此可见，服装穿着可透露出一个人多方面的信息。

其实，就服装对人作出评判，并非成年人所独具，而是从儿童期就已萌芽了，有实验为证。问题：用什么方法创造出世界上最美的姑娘？结果，大多数 10 岁左右的应试者认为，应从服装入手："穿漂亮的衣服""带美丽的戒指""给她买漂亮的运动衣"。"由于人体外观的服饰显得如此重要，因此，我们会得出这样的印象，即儿童认为一个人的美丽与否，是根据这个人的服装，而不是人天生的外表"。这证明，人们自幼便是以服装为媒介来评价人。这也是人们追求服装美的原因——增强人际交往和印象形成。至此，人际沟通中的服装大致归纳为第一印象及人际关系的传达、情感的表达和自我表现这四大功能。

第三节　独具魅力的装饰

影片《穿普拉达的女王》的开头，一女子起床洗漱完，很认真仔细地挑选自己的穿戴，换了一款又一款。为何如此挑剔？因为，一会儿将去面试，所以，她必须耐心、有见识地装扮自己，以期给面试官留下良好印象，从而达到求职的目的。这就是通过服装表现自己，装饰自己。

一、自我表现的印象整饰

事实上，人们在交往和沟通中，往往通过服装的符号作用，去有意识地引导，或控制他人对自己所形成良好、独特印象的过程，称印象整饰，即印象管理、印象控制，简言之，利用服装建立自我形象，传递自我。

（一）整饰的必要性

某男大学生为了显示自己的能力，借服装来表现。据他自己所说从来没有这样搭配过衣服："宽大的牛仔裤加上我很喜欢的牛津衬衫，然后再加一件毛线衣。"他认为"这样看起来一定很棒"，目的是"想留给某些人深刻的印象"，借服装显示自己的能力。

女大学生则说："我想如果我穿上裙子和高跟鞋，尽管我的个性没变，别人也一定会对我另眼相看的。"这里以服装、服饰增加自己身材的高挑和挺拔，意在引起他人的关注。这些是通过服装服饰的整饰，使着装者外观的符号管理，变成一种自我呈现

（self-presentation）的工具，即个体在社会上向他人展现自己的过程，也可称为自我展示。其实，自我展示在商业社会也是种自我促销的行为，在满足自我形象时，可能更多的是向社会寻求某种机会，以实现自我呈现的目的。

（二）自我形象

自我呈现的形式是个体外观的形象管理，以求达到自我形象的满足，并进入自我构建（self-construction）的阶段，即他人对自己外观的反应，以及个体自我呈现的双重评估。

人们大多会有这样经历，凡节假日的儿童商场都一片热闹，尤以"六一"儿童节最具代表性，这里的儿童玩具、服饰新品等，都极大地吸引着孩子们，男孩见卡通形象、科技兵器等爱不释手，不据为己有决不罢手；而女孩对裙衫、头饰等服饰品极有兴趣，不时在自己身上比试着，更有的长久地停留于柜台前，面对满架漂亮的衣饰，进入了想象的空间。这些好看的头饰、配饰、衣裙等，是她所十分喜欢的，该如何穿戴打扮自己呢？这可能就是该女孩所进行的自我构建，或自我促销。如果构建的话，她会借助女性化的知识，并想象他人对其所选衣饰的反应，来考验、测试自己的自我呈现的评估标准。但如果该女孩在进行自我促销，她的大脑中可能会想象几个特定的场景。如果该女孩意在女性化的特质外观，如芭比娃娃那样美丽可爱，她在幼儿园里能大受欢迎，还可享受小公主、小天使般的超常待遇。

（三）自我整饰

穿戴装扮，实际上就是一个人自身的包装、整理装饰，以达到某种场合能够左右他人印象的形成，即通过自身的装饰，达到预期的目的。这种装饰的沟通作用，是人之本能，是自然发生的。任何有关自身的装饰，从发型、服装、妆容及所携带的包袋等，无不是自己个人信息的透露。诸如崇尚名牌、追逐时尚、讲究品位等穿着形式的人，都会熟练运用服装（含装饰）这个非语言沟通符号，熟练地展现自身衣装之魅力。

这方面社会公众人物堪称表率。国际著名模特辛迪·克劳馥对服装的理解和表现，无疑是最为出色的。无论什么场合，辛迪的服装总是给人协调、和谐的感觉，就像她的人一样完美。她的服装千变万化，每次都给人以惊喜。这与她的精心装扮密不可分：什么样的服装表现什么样的个性，什么场合宜穿何种服装，她都有严格的考究。辛迪的万千风情，不仅来自她自身的魅力，而且与化妆、服装的搭配也是紧密关联的，从而在世人的印象中总是保持相当完美的形象。印象整饰的重要作用，由此可见。

二、印象整饰的功能

生活中的每个人，都希望自己的穿着与别人的不一样，都希望以自己的风采来博得他人的重视。这就是印象整饰的功能。越来越多的公务员的竞聘会上，很多应聘者除精心于试题的准备、推敲，对装束也有过细心的挑选、琢磨，以赢得考官对其外观魅力的好感，从而提高应聘的成功率。这种左右他人印象的形象整饰过程，其实每个人都曾经历过。

（一）印象整饰适合性

所谓印象整饰，就是把自己的着装魅力显示出来，是印象魅力的加分过程。这是印象认知现象的另一方面，是适应社会的一种策略需要，即给他人以独特的外观印象。而整饰最讲适应性，即适应自身，使自己出彩。实际操作中，除自我判断外，往往还会错位思考，转换为他人的角度，去察看自身装束的认可度、适合性，即着装主体往往会站到对方的角度来审视自我穿戴：以挑剔的眼光为自己的着装整饰把关，查补不合适之处的遗漏，以致印象整饰完美尽善，从而把合适的自我形象传递到社会中，以利人际交往的顺利进行，并使之倾向于自己一方。

当然，印象整饰要适合自己，不能不顾自身地、胡乱地往身上穿，即使不加分也不能被扣分，这是着装常识。可现实总会有因不识衣着所发之信息而闹出尴尬的。20世纪80年代，年轻人时兴文化衫，男女分别穿着印有"NO USE HOOKS（禁用手钩）""KISS ME（吻我）"的衣衫。女性衣装所透露出"吻我"的意思，这样走在大街上，如果弄出点什么误会，甚或难堪。所以，印象整饰的适应性就显得很重要。

（二）自我印象历程

人们以服装传递自我时，会产生多种效应，如赞成、认可的，否定、反对的，模棱两可的等。若评论不好的情况占多数的话，则应考虑可能有挑战出现。这就是怎样看待自我形象的问题。学者们的研究指出，其中有个自我理解的存在，它可分成个别独立的二元实体，是主我与客我的合一。主我是自我中主动的部分，可随时以冲动的形式展开行动；客我则把融合他人概念的社会意识（如社会规范、团体价值观等）提供给主我，主事协助控制。两者经内在协调、交互作用后，使外观印象与社会情景趋于平衡。每个逛街购衣者，主我与客我便会展开对话。当看到某款服装时，主我会产生反应（感到这就是他需要的衣装风格），当继续打量该衣或试穿时，客我便会就该衣表现自我的评估（他人会怎么看，该在什么场合穿着）。这是大多数人购衣可能会碰到的经历，这里只是做了深入性的、层次性的解析而已。因此，这样的置装设想女大学生应比一般女性所花的时间要多得多，主要用在主客我之间的心理对话上了。

所以，有些人就一直很在意别人如何看待自己。如果别人说打扮得很好，自己就会觉得很不错，有种满足感。这种基于周围环境评判的心态，则是对穿衣人所产生的反应或诠释。这种对他人评论的重视，意在与社会风尚一致，即社会适应性，也就是学者们所一再强调的"自我是一种历程"的人。

第四章　传统服饰的艺术风格与表现手法

在时尚的舞台上，服饰品对整个服装造型来说是一个不可或缺的元素，中国传统服饰装饰品的艺术风格与表现手法对于服装造型的重要作用也是不言而喻的。

第一节　传统服饰品的分类

本节主要以人体不同的装饰部位为主线，其他分类则主要以中外传统服饰与装饰工艺品的不同性质特点进行划分，主要的分类有按照用途进行划分、按照饰品的名称进行划分，以及按照饰品的材质进行划分等。

一、按人体装饰部位划分

（一）头饰

头饰是指戴在头上、用在头发四周及耳、鼻等部位的装饰物。与其他部位的饰品相比，头饰的装饰性更强，主要是女性首饰，包括发饰（发卡、头花等）、耳饰（耳环、耳坠、耳钉等）、鼻饰（多为鼻环）、唇饰（唇钻、唇贴、唇环等）、额饰（链式、坠式、贴片等）、面饰（贴片、钻类、面纱、面具、帘式、彩绘类等）和帽子（贝雷帽、鸭舌帽、钟形帽、披巾帽、无边女帽、八角帽、瓜皮帽、虎头帽）等。

据《周礼•天官》记载："王后从华丽的头饰到束发的簪，皆已相当齐备。"此时，头因有"饰"而传达出不同的功用之意，也逐渐超越了单纯意义上的物质审美。在《中华古今注》中就曾记载，秦始皇下诏令皇后、三妃、九嫔分梳凌云髻、梳望仙九鬟髻和梳参鸾髻等严格上、下格局的发式。

下面详细介绍一下常用的发饰、耳饰和帽子。

1.发饰

发饰包括发簪、发钗、发卡、发套、发带、头巾等。发簪和发钗也是中国古代妇女的重要发饰，现代妇女通常使用发针、发卡、发带、网扣等。面对琳琅满目的发饰，只要佩戴得体，都会增光添彩。

2.耳饰

耳饰包括耳钉、耳环、耳坠等多种类型，是戴在耳垂上且最能体现女性美的重要饰物之一。中国耳饰的历史可追溯到新石器时代。最早的耳饰称为玉玦，形状为有缺口的圆环形，多为玉制。据说古人的玉玦有两个含义：一是表示有决断性，二是用玉玦表示断绝之意。

耳环是随着冶金技术产生的而出现的，是耳饰中最受喜爱的装饰之一。据考证，最早的耳环用青铜制成，商代后出现了嵌有绿松石的金耳环，到了明代，耳环式样已相当多了。耳环作为首饰的一种，具有悠久的历史和璀璨的文化渊源。通过耳环的款式、长度和形状的正确运用，可以调节人们的视觉，达到美化形象的目的。耳环样式变化多样，有带坠儿、方形、三角形、菱形、圆形、椭圆形、双股扭条圈、大圈套小圈、卡通造型、动植物造型等多种样式。再加上金、银、珠宝各种材料搭配相宜，使耳饰品更加争奇斗艳。

耳坠也是耳饰的一种，在全身造型中有着不可或缺的作用，对整体风格的塑造很有帮助。利用耳坠的形状可以弥补脸形的缺陷，突出脸形的优势。除此之外，还可以利用耳坠的色彩来改变暗沉的肤色，美化明亮的眼睛，使人获得靓丽的容颜。现代的耳坠设计，具有突出个性化和艺术性的特点，耳坠在材质的选择上也推陈出新，利用各种材料如珠宝、金属等来设计。其灵感题材、图案设计皆不受限制。

3.帽子

现代帽子的品种繁多，按用途划分，有风雪帽、雨帽、太阳帽、安全帽、防尘帽、睡帽、工作帽、旅游帽、礼帽等；按使用对象和式样分，有男帽、女帽、童帽、情侣帽、牛仔帽、水手帽、军帽、警帽、职业帽等；按制作材料划分，有皮帽、毡帽、毛呢帽、长毛绒帽、绒线帽、草帽、竹斗笠等；按款式特点划分，有贝雷帽、鸭舌帽、钟形帽、三角尖帽、前进帽、青年帽、披巾帽、无檐女帽、龙江帽、京式帽、山西帽、棉耳帽、八角帽、瓜皮帽、虎头帽等。

（二）胸腰饰

胸腰饰主要是指用在颈部、胸背部、肩部和腰部等处的装饰，胸腰饰具体可分为颈饰（项链、项圈、丝巾、毛衣挂链等）、胸饰（胸针、胸花、胸章等）、腰饰（腰链、腰带、腰巾等）和肩饰（多为肩章、装饰披肩之类的装饰品）等。

1.颈饰

颈饰最能体现女性脖子和胸部的美，所以被荣耀地称为"一切饰物的女王"，在服饰设计中地位显赫。如今颈饰如项圈、项链等的制作材料极为丰富，可与珠宝、钻石、玉石、金、银等汇成五光十色的世界，令人眼花缭乱。项链是佩戴最广泛的一种颈饰，可以张扬个性，亦可以体现高贵和奢华，男女老少均可佩戴。

常见的项链由三个部分组成：

（1）链索，是项链的基础。

（2）搭扣，位于链索上部的开口部分，用来联结或分开链索。

（3）坠饰，位于链索下部，形状多样，如鸡心形、观音、各种人物像、动物像应有尽有。

佩于颈上的各种串饰也十分常见的，每件串饰由数量不等的饰物串组起来。饰物的形状可以是球形、方形、菱形、椭圆形、圆柱形、多边形，甚至是不规则形。用作饰物的材料也很多，有珍珠、玛瑙、水晶、翡翠、珊瑚、琥珀、软玉、绿松石、孔雀石等，这些都是常用的材料。

关于项链的起源，从民族学的研究资料里可以归纳为两种看法。一种看法认为源于"抢婚"习俗的演化，认为项链源于原始社会母系氏族向父系氏族的转变时期。当时，人类生存逐渐以靠狩猎和种植为主，男子在经济上已处于支配地位，私有观念开始产生。这导致女子从氏族核心地位跌落下来，成为男子的附属品。在氏族或部落战争中，胜者把对方部落的女子作为战利品掳来，为防止她们逃走，常用一根链子或绳索捆住她们的脖子和手。后来便逐渐演变成了一些地方的习俗，在男女正式成婚时，以"抢"的方式把女方接到男方处，同时以金属饰物套在女方脖子上或手上，以示束缚。如今抢婚的习俗早已淘汰，防止女人逃跑的链子也演变成了用金、银、珠宝制成的漂亮的装饰品，成为当今式样精美的项链（项圈）和手镯（手链）。

另一种说法认为戴项链最初是为了显示力量和勇敢。因为考古发现，距今约三万年前北京周口店的"山顶洞人"就已有串饰。那时的串饰是用兽骨、兽牙、贝壳等串成，并用染料染成红色。在与猛兽搏斗中人们发现，失去鲜红的血就失去了生命，同时也深深感受到猛兽的牙齿、四肢和利爪的力量，人们在捕猎获胜后，把吃剩下的兽骨、兽牙、兽爪串在一起并染成红色佩戴在脖子上，一方面是显示自己的勇敢和力量，另一方面是祈望借此来吸收猛兽的力量和生命力。由此可见，项链的演变与人类有了精神生活密切相关。

2.胸饰

胸饰的主体是胸针。女士用的胸针多佩戴于西装或大衣的驳领上，或佩戴于毛衫、衬衣、裙装前胸的某一部位。佩戴胸针，常可起到画龙点睛的效果，中国风的胸针设计，尤其当衣服的设计比较简单或颜色比较朴素时，别上一枚色彩鲜艳的胸针，就会立即使整套服饰活泼起来，并具有动感。目前流行的胸针，可分为大型胸针和小型胸针两大类。前者长度一般在 5 厘米以上，图案较为复杂，大多镶有宝石。后者一般长 2 厘米左右，式样也较为简单。胸针设计多为独枝花朵或多边形的立体造型，还有的采用十二生肖造型和一些创意的、怪异的胸针设计，深受年轻消费群体的喜爱。

3.腰饰

早期的腰饰主要包括玉佩、带钩、带环、带板及其他腰间携挂物。材料一般以贵金属镶宝石或玉石居多。中国早期的腰饰主要是玉佩，即挂系腰间的玉石装饰物。玉佩在古代是贵族或做官之人的必佩之物。因为中国人以玉喻德，认为玉体现清正高雅。现代人佩戴腰饰主要是女性。一般用于裙装腰带的装饰，或用玉石做带环，或在金属带钩、带环上镶一块或数块宝石。现也常见一些时尚男性在腰带上戴一块兽头等形状的玉佩。如果与衣服的材料、款式及颜色搭配得体，可进一步加强佩戴者期望的效果。民族服饰中腰部装饰尤显特色，例如，藏族服饰腰间的装饰类型很多：缀挂火镰、小刀、鼻烟壶、银元、奶桶钩、针线盒等装饰品。其腰饰大部分来自生产劳动工具，这是由游牧文化的特性所决定。

4.肩饰

从设计的角度讲，装饰肩部可以改变服装的廓形和比例，在设计中突出的视觉重点自然是强势的肩部。肩部装饰形式多样，有平面刺绣、立体花样、动感流苏、双肩装饰、单肩装饰等；装饰种类也很多，有肩章、披肩、肩带、肩花等。

夸张的肩部增强了视觉效果，在肩部进行大面积的水晶装饰，尽显华丽精致。搭配干净利落的发型，有效地转移了焦点，对比作用下，也能起到缩小脸部的视觉效果。

（三）手饰

手饰是指佩戴在手部的饰品，狭义上，通常把首饰按人体所在位置分布，戴在手上的装饰品称为手饰，包括手镯、手链、戒指、臂环等。广义上，在服饰中用于装饰手和臂的各类饰品，都可以称为手饰，包括甲片、手套等。现在流行的指甲上镶的水钻，也可以说是手饰品之一。

1.手镯

是一种套在手腕上的环形饰品。按结构一般可分为两种：一是封闭形圆环，以玉石材料为多；二是有端口或数个链片，以金属材料居多。按制作材料，可分为金手镯、银手镯、玉手镯、镶宝石手镯等。手镯的作用大体有两个方面：一是显示身份，突出个性；二是美化手臂。手镯一般佩戴在左手上，镶宝石手镯应贴在手腕上；不镶宝石的，可宽松地戴在腕部。只有成对的手镯才能左右腕同时佩戴。

2.手链

其区别于手镯和手环，手链是链状的，以祈求平安、镇定心志和美观作为主要用途。一般来说，手链是戴在右手的，而左手多用来戴手表。手链有金属的、珠宝的、绳编的等，可选用材质繁多。

（四）脚饰

脚饰主要是指装饰人体脚部的饰品。主要包括脚链、脚镯、脚趾环、鞋靴、袜等。在许多少数民族，如高山族在节庆和礼仪活动时常用贝珠铜铃脚饰，即在蓝布条上装饰有用贝珠串成的流苏，流苏的末端挂有小铜铃。铜铃是高山族装饰的重要特色，他们不仅追求色彩的夺目，而且还希望声音悦耳。试想人们在跳脚踏舞时，铃声铿锵，歌声阵阵，一定是风情万种、韵味十足。当然，许多时尚的女孩，也时常会在夏季佩戴各类材质和款式的脚镯、脚链、脚铃和趾环，在足间摇曳，以轻松纯净的心灵与跃动娇俏的双足体现着美丽。也有些成人会给小孩子脚上戴上金、银或编织红绳，用来寄托"平安"，或者是用来表达"拴住今生，系住来世"的美好意愿。

现代鞋靴不仅仅只起到保护脚部的实用功能，更多地体现了它的较强的装饰作用，鞋靴具有实用和脚部装饰功能。

二、按饰品名称划分

饰品还可以按名称进行细分，如坠、针、环、圈、铃、串珠、卡、花、发梳、夹、锁、链、带、戒指、佩、冠、鞋、帽、包等。这些数不尽的服饰品可以派生出许许多多款式。

以发簪为例，发簪的种类繁多。发簪的材质可以是竹、木、石陶、骨、牙、金、银、铜、铁、铝等；从形制上有繁有简、有长有短、有宽有窄，有雕刻的、有镶嵌的、有花鸟状的、有龙凤形的等。另外，有的高贵，有的典雅，有的自然，有的民族化，款式繁多，风格各异。

三、按材质划分

服饰品设计较之服装设计在材质选择上更加广泛，不仅可采用传统的宝石、贵金属、纺织材料，近年来为配合服装回归自然、返璞归真的潮流，还流行骨、木、线、皮、石、塑胶等非传统材料。这些材料在外观上有不同的观感和触感，有光与无光、细腻与粗糙、厚重与轻柔、人造与自然同时并存，可以创造出意想不到的视觉效果。

第二节　传统服饰风格在新的设计中的应用

一、经典风格——复古

经典风格，是指正统的、真实的、传统的保守派风格，是不太受流行左右的、表现真实思想的服饰形象。其风格严谨，格调高雅，在高雅中透出一股淡淡的情绪。

沉淀的经典是摒弃糟粕并保留优点，生命的意义在于不断地进步和持续地学习、自省、淘汰、收获、重生，在这个轮回中总有一些经过洗礼后恒久不变的美丽，它们便成为经典，是时尚风格的标签。经典设计是一个相对的概念，它的形成有着特殊的历史背景，不仅仅是文化的，还包括政治的、经济的等。

一件经典作品的背后是一个时代乃至几个时代的折射，它具体反映着当时的审美观点与价值取向，并且这种反映不是一成不变的，它是动态的、流动的，是随着时间的推移而变化的。所谓"笔墨当随时代"，设计亦如此，从其内涵的观点、意念到外在的表现手法、形式乃至材料或者说物质载体，都是随着时代的变化而变化的，受着"时代的遴选与承传"，只不过相对于"流行""时尚"等概念而言，经典的背后有着更为深厚的文化底蕴和更加巩固的、更加经得起考验的东西。

（一）主体印象

古典风格追求严谨而雅致、文静而含蓄，是以高度和谐为主要特征的一种服饰风格。古典风格的配饰在第一次兴起时可能是极有影响并最有时代的特点，但随着社会的发展同样使之成为历史，可由于这种服饰品被大众认可并不断被推上时尚的巅峰，因此，在后人眼中它就成为古典主义的服饰品，如礼帽、手杖、小洋伞、珍珠首饰、玉器配饰、宝石系列、长筒袜、丝绒手套、格子围巾等。20 世纪 30 年代具有英国传统服饰的特点，搭配细长造型的服装等造型，在当时都是颇具前卫风格的形象，但现在看来都成了古典正统风格的表现。颜色是较为古典的色彩——藏蓝、酒红、墨绿等沉静或典雅的色调，以单色材料及传统条纹或格子皮质为主。服饰品所体现的内秀、柔美、含蓄的古典形象，源于古典服装风格。

（二）主要设计元素

复古是人们对过去经典的一种回味与怀念，经典风格的服饰品往往具有古典气质，或是皇家贵族气势，或是独特英国绅士品位，或是 20 世纪 30 年代的中国风情，或是埃及艳后魅惑……复古是将历史上的经典烙印以时尚的外貌展现在当今的时代里。中国复古风格的设计元素有很多，如青花瓷、文物器物原始图形及有代表性的经典纹样等中国传统的复古纹样图案；如黑色对应水墨，蓝色对应青花瓷等具有代表性的中国古典色彩搭配在服饰中的应用；如"割绒绣""剪纸"等中国古典民俗技艺在服饰中都有应用。

二、优雅风格——成熟

简练、规范、精致、高贵的服饰品常常搭在优雅的服饰风格里，配在优雅纤弱的服饰形象之中，表现出了成熟女性那种脱俗考究、优雅稳重和知性气质风范。

（一）主体印象

整体服饰多以女性自然天成的完美曲线为造型要点。最具代表性的服装是用有精细花纹、柔软的丝绸面料设计制作而成的礼服，极其奢华和精致，充满古典和现代优雅风格的文化氛围。多采用品质高雅的色彩和材料，设计时以能充分展示成熟女性的柔美、精致、高贵为美。同时也能充分体现穿着者在都市生活中的经济地位和社会地位。

（二）主要设计元素

优雅风格的服饰品既能引起人们的注意，又不过分夸张，设计时可运用的主要元素及相关特点应符合大众的审美要求。在中国传统服饰品中设计元素多以象征清新脱俗、高贵典雅等意境的素材来表现优雅风格。如梅、兰、竹、菊、荷花等元素在服饰品种的运用；在色彩方面，多选用低纯度的高雅色彩或高级灰色调为主，如孔雀蓝、翡翠绿等；廓型多以简洁流畅的曲线为主，如 S 型、X 型等。

三、浪漫风格——清纯

（一）主体印象

浪漫风格的服饰品多为年轻的未婚女子而设计，强调柔美、甜美、可爱、纯真的效果可完美表达这一形象主题。创作浪漫风格的服饰品时，在反映客观现实上侧重从主观内心世界出发，抒发对理想世界的热烈追求，常用热情奔放的语言、瑰丽的想象和夸张的手法来塑造形象。

（二）主要设计元素

在中国传统服饰装饰品中表现浪漫风格的设计元素多在局部、细节部分采用波形褶边、花边布等进行装饰；色彩多用浪漫色调（浅淡色调色）的柔和与精美的色彩搭配方式，如白色、浅藕色等；材质方面可用偏传统色调的丝绸，表现其飘逸与浪漫氛围。利用丝绸独特的天然属性，创造出飘逸灵动的东方风情。丝绸虽然是中国古代的传统面料，但经过设计师的研发，它具有媲美欧根纱的坚挺轮廓感，也能展露轻薄的流动性。如梁子的设计里不仅保留了中式传统服饰的制作、设计精髓，也把目光投射到市场和实际需求，注重平衡设计和商业之间的关系。

四、田园风格——自然

田园风格倡导"回归自然"，美学上推崇"自然美"，认为只有崇尚自然、结合自然，才能在当今高科技、快节奏的社会生活中获取生理和心理的平衡。因此田园风格力求表现悠闲、舒畅、自然的田园生活情趣。

（一）主体印象

在田园风格里，粗糙和破损是允许的，这样才更能接近自然。田园风格的用料多为陶、木、石、藤、竹、鲜花和绿色植物……越自然越好。在织物质地的选择上多采用棉、麻等天然制品，其质感正好与乡村风格不加雕琢的追求相契合，创造出自然、简朴、高雅的氛围，较多采用淳朴自然的配饰。

（二）主要设计元素

田园风格服饰，是一种原始的、纯朴自然的美，不要任何虚饰。其设计风格是崇尚自然，反对虚假华丽、烦琐的装饰美，追寻古代田园一派清新自然的气象。注重纯净、自然、朴素，却淡薄华丽的重彩，尽显明快清新且有乡土的风味，款式自然随意、色彩朴素。表现出一种轻松恬淡、超凡脱俗的衣韵；其服装款式造型以宽松为主，辅以碎褶装饰。棉、麻等天然面料为其主要材质。层次感的花边装饰、精美的蕾丝或具象、抽象的植物图案等都是田园服饰的典型特征。

大自然的草木花卉为其主要图案素材来源，给人以恬然、宁静、悠然自得的纯朴韵味。田园风格服饰的主要灵感常源自乡间的美景、蔚蓝的天空、明媚的阳光及柔柔的微风等，这一切都带给人们无尽的联想空间。花朵是该风格服饰的经典演绎主题。

花朵象征着浪漫如彩蝶起舞、把女性的甜美展现得淋漓尽致。色彩素雅的印花连衣裙，带有浓郁的自然风情，蝴蝶结加花朵的装饰使连衣裙质朴又不乏活力。各种色调的几何图案与碎花图案拼凑，风格纯朴又独具特色，即便是简单的款式也充满了大自然的生机与活力，这就是田园风格的奇特，平凡朴素中独显魅力。

五、民俗风格——民族

民俗泛指一个国家、民族、地区中集居的民众所创造、共享、传承的风俗生活习惯，指民间民众的风俗生活文化的统称，是在普通人的生产生活过程中所形成的一系列物质的、精神的文化现象，它具有普遍性、传承性及变异性。

民俗风格服饰品具有增强民族的认同感，强化民族精神，塑造民族品格的功能。可以从艺术的形式表达民俗工艺、民俗装饰、民俗饮食文化、民俗节日文化、民俗戏曲文化、民俗歌舞文化、民俗绘画文化、民俗音乐文化、民俗制作文化等。现代社会在民俗文化领域中最引人注目的莫过于非物质文化遗产这一概念。

中国民族文化历史悠久，传统文化遗产极其丰富，每个时代，每个区域民族文化如同繁花绽放。在服饰设计中，对于民族元素的分析、提炼到改良应用，应充分考虑现代时尚设计的特点。

从服装廓型上看，不同时期的传统服饰具有独特的廓型特征，中国传统的汉服是民族风格的重要体现。从剪裁的角度看，汉服是区别于西方立体裁剪的平面化裁剪，表现为大的松量，只有领部和肩部较为合体，四肢的活动量很大，袖子采用飘逸的云袖，服装的整体廓型呈现出 A 型，静若垂柳，动如山岚飘逸，是汉族服装的突出特点。这一点对整个亚洲服饰文化都有着深远的影响。从服装的色彩和图案上看，中国传统的花纹纹饰，色彩的审美情趣，以及少数民族精美繁复的刺绣，都对民族风格的形成产生重要的影响。例如，传统的绫罗绸缎具有中国韵味，精美的制作方法，清晰地勾勒出汉族风格丝滑飘逸的特性。民俗风格在工艺上的表现也是不可忽视的。且不说各种华美风格的刺绣，鲜明的蜡染和扎染工艺，单是传统的手工缝制工艺就令人叹为观止。

（一）主体印象

这种类型服饰的造型、色彩、材质特征，大多依据灵感源进行确定，既可以是古朴、含蓄的，又可以是热情、奔放的，当然不是单纯地照搬，而是吸取民俗或民族传统服饰的精髓，再找到与时尚的融合点，吸收现代的精神、理念，用现代的新材料及流行色等去诠释不同民族的传统的精神文化与现代的思想内涵。

（二）主要设计元素

中国地大物博，拥有丰富的物质及文化资源，具有许多有民族特色的工艺，诸如京剧脸谱、折纸、剪纸、泼墨画、汉字文化、扎染、蜡染等经典艺术，设计师从中可获得丰富的创作灵感，中国现代时尚服饰品设计将奢华与经典互相糅合、混搭在一起，立足亚洲背景，捕捉纽约时尚圈最热门的创意，将东方的内敛精致和西方的简约大气紧密结合，并以传统奢华与现代感时装风格加以补充，将现代时尚精神诠释得更完美。腰饰用传统的中国刺绣和中国结组合而成来装饰腰部，让腰部随人体运动而轻盈摇逸；胸链设计采用有民族色彩的亚克力、丝线与黑色底衬搭配，排列成传统图案，挂在胸前折射出不可抵挡的东方民族的服饰魅力。

六、前卫风格创意

（一）主体印象

前卫风格则是有异于世俗而追求新奇的风格，它表现出一种对传统观念的叛逆和创新精神，是对经典美学标准做突破性探索而寻求新方向的设计。前卫是指抽象派、幻觉派、达达派、超现实主义等前卫艺术。其从爆炸式（朋克式）摩登派等市街艺术中获得灵感，奇特新异的服装形象与古典形成两个相对立的派别。如果说古典的风格是脱俗求雅的，那么前卫风格就是求异追新的，它表现出对传统观念的叛逆和一种创新精神，是对经典美学标准做突破性探索而寻求新方向的设计。

（二）主要设计元素

常用夸张、卡通的手法去处理形与配色及选择材料。前卫的服饰风格，或标新立异，或造型怪异，或诙谐幽默，表现出对现代文明的嘲讽和对传统文化的挑战。造型特征以怪、异为主线，富有幻想，它可以把宇宙的神秘感形象化，创造出超现实的抽象造型，追求离经叛道与标新立异的美。

第三节　中国古代服饰文化的"东服西渐"

中国服饰文化的"东服西渐"历史悠久，形式也是非常丰富，历经千年不衰。

一、周朝周穆王西征

中国中原地区与中亚、西亚诸国之间的接触和交往，最早可追溯到三千年前的周穆王（公元前 976 至前 922 年）时期，周穆王英勇善战，西征犬戎，打开了通往大西北的要道。从宗周起程，渡黄河、经乐都、积石山昆仑之丘的西夏氏再西到珠余氏，直抵春山，两地距离三千里之遥。周穆王所到之处，就以丝绢、铜器、贝币等馈赠各部落的酋长。周穆王对服饰文化的传播做出了有史料记录以来的最早贡献。

二、希腊巴底侬神庙的女神雕塑

希腊最古老的帕特农神庙里有一座美丽的雅典娜女神像（前 438～前 431 年）。身穿紧贴身的透明长衣，衣褶优雅，质地柔软，透明的衣料使女神的躯体隐隐可见。人类学家认为神像所穿的衣料非中国的丝绸之物莫属。当然，还没有足够的说服力来证明神像上的丝绸来自中国。由此可见，中国与西欧、西亚各国的服饰交流在当时就已经初露端倪。

三、西汉张骞出使西域

公元前 138 年，西汉建元三年，汉武帝刘彻派遣张骞出使西域大月氏，这次出使的目的是想联合大月氏共同抗击匈奴，结果未能如愿。但张骞的这次西行在经济上却给汉王朝带来了卓越的贡献，促使汉武帝在公元前 119 年再一次派张骞出使西域，这一次西行张骞率随从 300 人及大量金币与丝绸，所到之处均以此馈赠，极大地增强了汉王朝同西域各国之间的友好关系，并进一步地促进了中原与西域各民族之间经济和文化的交流。丝绸的传入，使西域国家的服装发生了惊人的巨变。

四、丝绸在罗马

公元 2 世纪和 3 世纪的时候，中原的丝织品经回鹘西运，源源不断地运往当时的罗马帝国，在中国的《魏略》中有一份罗马向中国进口物品的货单，大部分的货品与服饰有着直接和间接的联系，这一时期罗马已成了进口中国丝绸的最大主顾。在罗马共和国时期凯撒大帝曾穿中国的丝绸长袍前往剧院看戏，引起观众争相观看这件用特殊材料制作的华美长袍。从此以后，罗马贵族男女都以能够穿上昂贵的丝绸服装为荣。由于当时进口丝绸极为有限，罗马帝国初期，为了遏制奢侈风气，提比略大帝曾下令禁止男子穿绸衣。但是无法阻止人们对丝绸衣料的狂热追求，这导致了当时丝绸的价格相当的昂贵，只有黄金才能和它相提并论。

五、东西方服饰文化的交汇点——拜占庭帝国

在西欧各国对丝绸狂热追求的风潮之中，拜占庭帝国起到了贯通中西的作用。中国的丝绸技术首先在波斯发展起来，这对于需要进口大量丝绸的拜占庭帝国产生了新的刺激，于是拜占庭学会了养蚕和缫丝的技术，具《北史》记载，大秦国（中国古代对罗马帝国及近东地区的称谓）"土宜五谷桑麻，人务蚕田"。当是描绘拜占庭发展蚕桑业的情景。拜占庭帝国的皇室成员在把持和垄断丝织产品以后，不仅作为自己的服装衣料，而且将上等的丝绸衣料当作外交礼品，赠送给远近的各国王室。通过这种方式，拜占庭将东方中国的丝绸传给了西方诸国，更加强烈地激发起各国人民对东方的向往和对丝绸服装的兴趣和追求。

同时拜占庭时期服装的款式和纹样也融合了东西方文化的诸多特点，是东西方服饰文化结合的产物。拜占庭丝绸面料的纹样中，主要有几种典型的图案形式。如两只对峙的动物，中间由一棵圣树将它们分开，树下分列动物。这是曾经在希腊流行过的图案形式，通过拜占庭服饰图案的传播，这种典型的西方风格也影响中国汉、唐时期的织物纹样。例如，对鸟纹，相对的动物或是两只相背首反回顾的动物组成的单位纹样，外面环绕联珠纹的形式频频出现在织物纹样上。其中引以明确的联珠纹是从波斯

传来的。除了这些图案之外，还有骑马的猎手、武士与雄狮厮杀搏斗的场景等。考古学家认为，这些图案多数起源于美索不达米亚。由此不难看出，拜占庭在东服西渐的过程中处于非常关键的地位，它本身充当了交汇点之中的一个重要角色，东方的丝绸通过拜占庭传入西欧各国，而西方的一些图案纹饰又流传到中国。

与此同时，拜占庭服饰明显地吸取了东西方服饰文化的营养，演变成具有拜占庭特色的服饰风格。例如，男装是具有罗马传统风格的整合式长衣和围裹式长衣。另外也穿着波斯式的带袖上衣。到了 4 世纪，拜占庭服饰中又出现了极具东方风情的尖头鞋。从当时拜占庭帝国实际的主宰者斯提利乔的艺术形象来看，穿着的长衣基本上是一件长身斗篷，固定斗篷的别针是罗马式的，衣料是带有花纹的丝绸，内穿及膝紧身长衣，腰带略偏下，紧身衣及斗篷明显带有罗马的服饰特色，袖口缘边和衣襟下摆则继承了前代传统式样，又吸取了东西方服饰的特点，整体形象明显有着希腊、罗马、波斯、古印度和中国的服饰风格。

六、服饰的东传和日本的服饰风格

中国服饰的东传与西渐是有区别的，服饰的东传则是从魏晋时期才出现的。东传的内容除了丝绸和服饰图案之外，还有中国的服饰制度。其所包容的内涵大大丰富于服饰的西渐。另外，中国服饰的东传不仅包括中国的原始风格，同时也将中国服饰中的西方元素一并包涵。例如，波斯的铠甲，是融合了中国汉族的服饰风格传到日本的。

中国服饰东传日本是中国对东南亚服饰影响最重要的内容之一。公元 4 世纪至 7 世纪，是日本的古坟时代，当时中国的文化已经相当成熟，由于服饰最为外显，所以很快地被传到日本，当时日本的统治阶级开始穿着上下分装式的服装，女式称"衣裳"，男式称"衣裤"。中国六朝时期（5 世纪）曾有缝衣女工经由百济东赴日本。日本雄略天皇时期，日本人木宫泰彦《日中文化交流史》中记载，在中国六朝服饰文化的刺激下，日本雄略天皇曾采取一系列措施促进养蚕织绸事业的发展，企盼日本也能够成为像中国一样的"衣冠之邦"。至公元 593 年，圣德太子为改革氏姓制度和打破门阀之见，仿效隋制，颁布"冠位十二阶"，制定了宫廷用冠和参朝服。他派遣使节与中国建交，同时也邀请中国技工去日本传授技艺。从日本流传的古画圣德太子像可看出太子头戴中国式幞头，身着初唐时的服装，表明当时日本的上层人士对中国服饰的偏爱和推崇。

盛唐时期，中日之间的交流更趋频繁。当时日本政府多次派遣唐使和学问僧到中国学习文化和观摩。对此唐政府都给予了大力的扶持和资助，因此遣唐使和学问僧回国时都能带回大量的丝织品和服饰。在日本正仓书院所藏的唐锦中有狮子唐草奏乐锦、蓬花大纹锦、唐花山羊纹锦、鸳鸯唐草纹锦、狩猎纹绵、鹿唐花纹锦、唐花纹长斑锦等，这些织锦又明显带有西域的风格。因此，日本在受到中国服饰文化的泽惠，也间接地得到了丝绸之路的滋润。至今，依然可以从日本的传统服饰"和服"上看到这些纹样。而和服的款式及配饰穿着方式都保留了中国唐代的诸多元素。可见，中国和日本之间的服饰文化交流是源远流长的。

七、元明时期的"海上丝绸之路"

海上丝绸之路，是出于陆地国家与海岛国家或沿海国家之间的交往需要而形成的。而它的发展依赖人类航海知识和造船技术的提高，中国的海上丝绸之路始于东汉年间，到元、明发展到了鼎盛时期。

在中国元、明两个朝代，江南繁华的都市南京、苏州、杭州生产的金锦、丝绸及各种的绢、绫、锦、缎等各种纺织品，经过海上丝绸之路远销到世界各地，深受海外各国人民的喜爱。据元至正元年（1341年）汪大渊《岛夷志略》记载：中国丝绸输出"东起菲律宾及印度尼西亚各岛屿，西至印度的科泽科特、伊朗的霍尔木兹、伊拉克的巴士拉、也门的亚丁、沙特的麦加、埃及的杜米亚特，直到大西洋之滨的摩洛哥的丹吉尔"。此外，东方的朝鲜、日本也是中国丝绸的重要销售地。明代郑和七下西洋，所到之处都以缎疋、丝绵、绸绢、湖丝赠予当地的国王，为海上丝绸之路和传播中国服饰文化和纺织技术做出了巨大贡献。

八、18世纪"中国趣味"和法国的"洛可可"艺术

公元18世纪，在法国"洛可可"艺术风格盛行一时。洛可可艺术的最大特点就是吸收了中国园林和工艺美术的新奇精致、柔和、纤巧和优雅的风格。当时法国宫廷和王公贵族热衷于购买和收藏中国的工艺美术品，其中丝绸、成衣绣品、瓷器和镜、羽等为主，并以之为时尚。洛可可艺术的风行是继17世纪"巴洛克"风格之后的又一创新，而当时"洛可可"风格的努力推崇者法国国王路易十五的情妇蓬巴杜夫人热衷于穿着有中国花鸟纹样的绸质服装，从而引领当时法国乃至欧洲的时尚风潮。

第四节　各民族间的服饰交融

世界文化之间的任何交往都是双向的，服饰文化的传播亦然。在中国向外民族输出服饰文化的同时，自身也在不断地吸收外域服饰文化的精髓，从而也极大地丰富了自身的服饰文化内涵。

一、赵武灵王与"胡服骑射"

所谓"胡服"是与中原宽衣大带的服饰相异的北方少数民族的服装，其重要特征是短衣、长裤、草靴或裹腿，衣袖偏窄，便于活动。赵武灵王是一位军事家，同时又是一位社会改革家，当他看到赵国军队的武器虽然优于胡人，但大多数是步兵和兵车混合编制的队伍，加上官兵都身穿长袍、盔甲笨重、结扎方式烦琐，而灵活迅速的骑兵却少之又少，这在很大程度上影响军队的战斗力，于是赵武灵王想用胡服学骑射，

但是他的建议都遭到群臣的反对，但赵武灵王力排异议，坚持"法度制令各顺其宜，衣服器械各便其用。"果然使赵国很快强大起来。随后胡服的式样及穿着方式对汉族士兵服产生了巨大的影响，这是有史记载以来，最早的汉族和外域氏族之间的服饰文化大融合。

二、北方游牧民族的"裤褶"与魏晋服饰

裤褶是一种上衣下裤的服饰，也称为"袴褶"，观其服式犹如汉族长袄、对襟式左衽，不同于汉族习惯的右衽、腰间束革带方便利落。往往使着装者显露出粗犷剽悍之势。这与魏晋时期汉族的宽衣博袖的服饰风格迥然不同。随着南北民族之间的接触，这种服饰很快地被汉族军队所采用，晋《义熙起居注》记载："安帝诏白，诸侍官戎行之时不备朱衣。悉令袴褶从也。"后来裤褶被广泛流行于民间，男女均服，可作日常服用，质料用布、缣，上施彩绘加绣，也可以锦缎织成，或用野兽毛皮。《世说新语》云："武帝降王武子家，婢子百余人，皆绫罗裤褶。"裤褶虽然轻便，但用于礼服两条裤腿分开毕竟对列祖皇上有不恭之意。离汉族服式裙、袍相距过远，于是在此基础上，有人将裤脚加肥以使其增大，立之宛如服裙，行动起来既方便又不失翩翩之风。但由于裤形过于肥大，有时难免有碍行动，于是兼顾两者又派生出一种新的式样——缚裤。

北方民族与中原汉族之间在服饰上互相取长补短，以图其新，不仅兼有广、狭两种形式，而且演变出了一种新的服饰风格。

三、唐朝的胡服、幂蓠和回鹘装

初唐到盛唐间，北方游牧民族匈奴、契丹、回鹘等与中原交往甚是频繁，加之丝绸之路上自汉下至唐几百年间骆驼商队络绎不绝，对唐代服饰文化影响极大。唐代的胡服和战国时期已有所区别，它是包含了印度、波斯等多个民族服饰成分在内的一种装束，它的传入使唐代妇女耳目一新，胡服热如一阵狂风迅速地席卷中原大地，其中尤以首都长安及洛阳为盛，与胡服相配的饰品也极具异域色彩。

唐代除了胡服之外，另一款以西域传入中原的典型服饰即回鹘装，在长安宫人和士庶妇女中间非常流行。花蕊夫人《宫词》中有这样四句诗描绘当时的情景："明朝腊日官家出，随驾先须点内人，回鹘衣装回鹘马，就中偏称小腰身。"回鹘装是北方少数民族匈奴后裔的服饰，其特点是：略似男子的长袍，翻领，袖子窄小而衣身宽大，下长曳地，颜色以暖调为主，尤喜用红色。材料多采用质地厚实的织锦，领、袖均镶有宽阔的织金锦花边，穿这种服装通常将头发挽成椎状的髻式，称"回鹘髻"。髻上另戴一顶缀满宝石和簪钗的金饰冠，冠尖如角，似桃型。回鹘装从中唐流传到五代，至宋初一些妇女仍着回鹘装。

隋唐时期，女子骑马之风盛行，隋炀帝"上好以月夜从宫女数千骑游西苑作《清

夜游曲》，于马上奏之。"此习沿至唐代更为普及。《开元天宝遗事》载："都人士女，每至正月半后，各乘车跨马，供帐于园门或郊野之中，为探春之宴。"这种活动类似众人的春游。女子骑马踏青，多喜戴面帽——幂篱，幂篱是用缯帛制成的大块方巾，长可以披体而下，掩蔽全身，它是一种源自北方鲜卑族的服饰。

四、元朝的改装易服

同唐代胡服顺顺当当进入中原的情况所不同的是元朝汉族的改装易服。则是一种统治阶级的强制行为，在各民族相互交流和文化传播的过程中，各自吸收邻族的一些有益成分，扬弃本族一些相形见绌的东西，而且通常是文化比较先进的民族对文化比较落后的民族的影响较大，但是在特殊的历史条件下，当文化比较落后的民族借助强大的军事力量，征服了邻近文化比较先进的民族，服饰文化的传播就会出现一种反常的变化，军事上取胜的民族为了巩固自己的统治常常强迫被征服的民族接受他们的服饰文化，并要求被征服的民族忘记本民族原来的服饰形制。汉族服饰在元、清两个朝代的整体异化就属于此类。

公元 1276 年，蒙古族的忽必烈灭了依仗巨额岁币苟安一年的南宋，结束了长达500 年的割据对抗和破坏空前的战乱。终于一统天下登上了帝位。忽必烈称帝之后便开始着手实施易服制，元蒙服饰也并非将蒙古族服饰原封不动地搬到中原，既承袭了汉族原有的服饰形制，又兼存蒙古族的衣制，据史记载，1272 年元右丞相伯颜遣人入宋宫取宋代的衮冕、圭壁、符玺及图籍、仪仗等。

元初，元太祖下令汉人剃发。要求在京士庶都须剃发为蒙古装束，在政治高压之下，汉人不得不改装易服，元蒙衣冠的形制是：剃发成椎髻，即将头顶四周之发剃去，留前额发，剪短散垂，将两旁头发绾作两髻，垂于左右两肩，或合发为一辫直接拖垂于后背。衣服多穿质孙服（也称一色衣），它的式样是上衣连下裳、衣式较紧且下裳较短、在腰间作出襞积，并在其衣肩背间贯以大珠。男子还常穿一种名为"搭护"的皮质外衣，有里，较马褂长些，类似半袖衫。

元贵族妇女的服饰多戴姑姑冠，穿蒙古袍服，袍式宽大而长至曳地，行动时需两个女奴扶拥，汉人也称为"团衫"。帽式以姑姑冠最有特色，高二尺许，顶上插有羽毛，缀以珠玉，这种帽式多为元时北方都城的汉族妇女所戴，南方妇女不戴此冠。

五、清代服饰整体异化

在清代，汉族服饰再次被整体异化，清代易服血迹斑斑，较之元代易装改服的措施要强严得多、残酷得多。

清王朝入关之初，并不满足于靠武力建立的皇权统治，而是希望广大汉族人民在风俗习惯和生活方式上均顺从于满族的文化习俗。他们认为：只有变汉族衣冠服饰为满族衣冠服饰，才能使清王朝的统治长治久安，在顺治二年（1645 年）六月天下初定，顺治帝即下令"江南之定,皆王与诸将同心报国所致,各处文武军民,自应尽令剃发,倘有不从,军法从事"。因此当时在民间有"留头不留发,留发不留头"之说。残酷至此,可见一斑。清政府剃发政策尽管激起了汉族的反抗和抵制,最后除西南少数民族外,中原大部分地区被强制执行。

发式改变之后,清王朝又强迫汉人易服,传统的汉族冠冕衣裳几乎完全被禁止穿戴,清代男子服装一般是长袍加马褂,马褂本是士兵所服,其短袖似行褂,康熙年间只有富贵之家才穿。后来男女均可穿用,变成便服,马褂有长袖、短袖、宽袖、窄袖、对襟、大襟、琵琶襟等诸多式样,另外在袍、衫之外也有加马甲的,也称"背心"。单、夹、棉、纱都有,内有袍衫、下穿行裳,帽有小帽、风帽、凉帽、暖帽、皮帽等诸多式样,其中以"瓜皮帽"最有特色,相传沿袭明太祖所制的六合帽、作瓜棱形圆顶,后又作略近平顶形、下承以帽檐,用红绒结为顶,为士大夫燕居时所戴。

满族妇女多着长袍,清初袍身极为宽大,后来渐变为小腰身,袖端及衣襟、衣裙镶各色边缘,领口则逐渐由低变高,这种长袍后来演变为汉族妇女的主要服饰之一,也就是现在旗袍的前身。除长袍之外,满族妇女多喜欢在上身加罩一件短或长及腰间的坎肩,即背心。满族妇女的发式也与汉族妇女不同,称作"两把头"。这种髻式头顶后方左右横梳二平髻,一若横二角于后,其形状更像一把如意横在头顶,因此也称为"如意头"。另外满族妇女的鞋子也很特别,这种鞋子鞋底极高,一般为 1~3,最高可到 5 寸,鞋底为木质原料,称为"花盆底鞋",多为中青年妇女穿着,清统治者不赞同妇女缠足,所以清代多数汉族妇女为天足。

六、民国时期的改良旗袍

旗袍是最具中国文化特征的女性服饰之一。清末时,旗袍通体宽大、腰平直、衣长至足,加饰诸多的镶装边饰。20 世纪 20 年代,旗袍逐渐地推广和普及成为中国女服的常服。20 年代末,在吸收了西洋服饰立体裁剪的基础上,中国的裁剪师对旗袍作了改良,将西洋裁剪中常用的省道运用旗袍制作之中,这样就形成了具有中国特色并在三四十年代风靡一时的改良旗袍,其后旗袍的式样一直是常穿常新,款式更显丰富多彩。

民族服饰的跨区域传统既是一个古老的历史现象,同时也是一个新的课题,特别是在当前世界日益一体化的大趋势下,国与国、民族与民族之间文化的交流和沟通,就显得更有必要了。如何学习别人的先进服饰文化又能发掘本民族自身的优势,使中国服装设计与服装工业尽快地成熟起来走向世界,任重而道远。

第五章　传统服饰的文化特征

第一节　传统服饰的礼仪文化

礼仪服装在一定的历史范畴中，作为社会文化及审美观念的载体，受社会规范所形成的风俗、习惯、道德、仪礼的制约，具有一定的继承性、延续性。原始社会，人们受礼仪惯例的约束与影响，是出于对某种事物的禁忌与畏惧，而文明开化的现代人的礼仪服装则与其世界观、伦理观、审美观、情趣、心态及其拥有的财产有关。礼仪服装使人与人之间按一定的社会关系和睦相处，具有维护一定的社会生活秩序的特性。当某种服装被作为社会礼仪规范固定下来时，就相应地被赋予了一定程度的社会强制力，而成为社会中全体成员普遍接受和拥戴的生活方式、行为方式。

礼仪服装的产生与人类早期的各种祭祀庆典等礼仪活动有关。我国早在殷商时代就已有穿用礼仪服装的记载，如周代在祭祀、会盟、朝见、阅师、宴饮、田猎、婚娶、丧葬等场合对所穿用的礼仪服装加以制度化。各朝各代在沿袭祖先传下来的礼服规则的同时，又根据自己的实际情况对祭服、朝服等礼仪服装进行修改、调整，规定出一整套繁缛、森严、不可逾越的服装礼规。

服装礼规的产生大致有两种途径：一是自然形成，二是人为设定。前者是人们长期生活中自然形成的常规，表现为一种风俗，是约定俗成的；后者是统治阶级为维护某种社会秩序及等级制度，以法律、制度或规章的形式特意设定的。

礼仪服装中蕴涵着人们的信仰与观念、理想与情趣及生活态度与生活方式，它所包含的内容是复杂且又有章可循的。在迎来送往、致意慰问、婚丧庆典、特殊仪式等生活常见场合，礼仪服装的形成活动中，人们所穿用的如新娘礼服、学究长袍、军礼服、法官长袍、牧师服等，都是相对保守、不轻易变动的。人们正是通过礼仪服装的规范、限定，形成了一定的人际秩序及人与人复杂多变的关系。

礼仪服装反映着装人的气质与教养，是人内心世界的外在表现。人的思想、观念、情趣、习惯、好恶都会通过服装展露无遗。在不同的时代、不同的民族、不同的地域环境中，因历史、文化、经济等生存条件的限定及变化，人们对礼仪服装有着与之适应的要求与定义。

一、礼仪服装的种类

礼仪服装简称礼服，通常分为女式礼服和男式礼服。

（一）女式礼服

女式正式礼服是在一些特定的隆重场合交际活动时女士穿用的服装，其搭配组合严谨、规范，从发式、化妆到服饰都要整体设计，是在一种严格的限定中，又要充分强调个性的装束。准礼服（略礼服）是正式礼服的略装形式，虽然也是正式场合穿用的礼服，但较正式礼服在造型、用料、配饰上都有一定区别。日礼服是在日常的、非正式场合穿用的午服，形式多样，可自由选择搭配。另外，婚礼服、丧服这两种特定时间、场合穿用的礼服也是不容忽视的两大类礼服。

女式礼服较男式礼服受传统礼规的限定较小，新材料、新工艺、新造型、新配饰常常首先被女式礼服所采纳，在保持传统模式及穿用方式与规矩的前提下，女式礼服不断融合新思潮、接纳新元素，将时代的烙印记录于其发展演变的每一过程之中。在女用礼服中婚礼服、丧服相对于其他几类礼服显得保守，多沿袭、保留传统的形式，表现人们对古典情调的追忆与缅怀。

（二）男式礼服

1.大礼服

大礼服可分为夜间穿用和白天穿用之分。

2.正式礼服

男式正式礼服通常是大礼服的简略形式，因此又称为略礼服、简礼服。凡是比较隆重的场合，男士多穿戴正式礼服。

二、礼仪服装的搭配与组合

出席正式的社交场合，要能够得体、适度地展现个人风姿，只有漂亮华美的衣服是远远不够的。如何搭配才能与环境相协调？与周围的人相协调？如何通过仪容、仪表既展现自我又与他人共同营造健康的社会气氛？这是社交礼仪服装装扮过程中最难把握的部分。

服装的搭配是门修养，需要用心观察、积累。有"品位"的服装就是人和环境与服装相适应。服装搭配追求的不仅是物与物、人与物的简单堆积组合，而是通过物与物、人与物的组合来构成某种情趣与格调，是将看不见的精神感受具体化、物化以便于人们理解。"品位"在服饰搭配中是十分重要的，不论什么样的搭配都会给人一种感受。服装的品位不仅体现在衣服、配饰等具体的衣物上，更重要的是它与穿着者融为一体时，表现出穿着的人的精神气质、文化修养。歌德说："人是一个整体，一个多方面内在联系着的统一体。"服装、配饰与人的结合使之构成一个整体状态，因此，要使自己的装束符合社交礼仪规范。除了要懂得服装、服饰的作用外，还必须加强内在素养的提高与修炼，"秀外而慧中"，才能产生不凡的气质。衣服与配饰是为人服务的，而人首先要有情调、有气度去承担起衣饰的陪衬。否则就会造成"金玉其外败絮其中"之感，让人反感和讨厌。对服装所蕴含的品位，只能靠自己用心体会和感受。追求什么样的服装品位，心中一定要有数，每套服装的组合与搭配只能突出地表现一种品格、一种情调，要分清主次，不可大杂烩什么都要、什么都有，然后整体组合后什么也没表达好。

对服装品位的追求，是一个人整体素养的具体反映，是人的修养与审美鉴赏力的综合表现。服装的选择与搭配过程就是训练和提高自己审美鉴赏能力的过程。要善于观察、综合分析，以便更深入地总结审美经验，理解更高审美境界的妙处，从而在整体上进行完美的组合与搭配，随心所欲地驾驭服装配饰，以诠释自我。

第二节 传统服饰的民俗文化

一、服饰艺术概述

一般而言，人的服饰追求，受两方面的影响而不断发展延伸，一是服饰的实用功能，二是服饰的审美功能。相对来说，实用功能由于大多与常规的保暖、舒适、结实、方便、护体、遮羞等相关，故较易实现相对的满足，当然它也有不断改进和完善的极大余地；而审美功能则是人们对服饰美观的要求，它因时代的发展、时尚的转变及人们审美水平的不断提高，体现为永无止境的追求，很难实现持久的、真正的满足。也正因此，服饰才有了永远发展的动力，服饰也才有可能因审美需求的牵引而不断发展，从而使之成为艺术。

在任何时代，在世界任何地区，凡被当时视为最华美的服饰，大都具备了当时最优越的实用功能或审美功能，也有不少是两种功能同时兼备。然而在实际生活中，能够真正享受这些"顶级"服饰的，毕竟只是社会中那些具备相当财势的极少数人。有鉴于此，设法安抚人们浮躁的心灵，劝诫人们不要成为一味追求华服美饰的奴隶，就成了世间一些哲人常论的主题。

当服饰开始孕育和发展，就开始了其实用功利化和艺术审美化的前进步伐。如何使服装结实、保暖、方便等，就是其实用功利化要解决的问题。自从有了服饰，有了人类文化及文明的不断演进，才使人类练就了一个感知服饰的冷暖、轻重、薄厚及舒适与否的身体，更使人类练就了一双选择审视、挑剔评点服饰的眼睛，这让人们懂得了在生活实践中如何穿戴和鉴赏服饰。因此，人类服饰的艺术化发展才会越来越明显，人与动物的区别才会越来越大。

服饰艺术的起源，有其客观缘由和过程，这在考古纪实论中也有一定的说法。因此，探讨服饰艺术，只能以一种开放的、动态的、全面的、科学的态度来进行，既要关注服饰本身的因素，又要关注服饰以外的因素。

中国服饰艺术是人类服饰艺术成果的一种典范性、特色性、鲜活性、诗意性体现。中国素有"衣冠古国"的美誉，因此可以说，中国的历史既是一部反映中华民族搏击自然、克服患乱、发展壮大的历史，又是一部以服饰艺术为其景致之一，来客观展示人类文明成果的地域性社会风俗史。

在服饰艺术发展史上，对于究竟是非审美功利性先产生，还是审美功利性先产生，抑或是两者同时出现，恐怕还很难做出肯定的考证。如果按照马斯洛的"需要层次理论"的观点来看，也许在服饰艺术的发生过程中，非审美的功利性欲求应当是产生在前。因为依据马斯洛需求理论来看，对人而言，人的生存和安全需要是人的第一层次的需要，而人的生存和安全，绝对少不了吃喝及护体，护体就离不开对身体的包裹，包裹身体是远古时期原始人最初的服饰穿着。在马斯洛理论中，审美的需要，不过是人在充分或基本满足生存及安全需要以后的某一层次的需要，它是人类需求在闲暇惬意中的一种扩张。从一定意义上来看，推断服饰艺术是非审美功利性启发在前，而审美功利性生发在后，好像具有较大可信度。但即便如此，人们也不能说事实就一定是这样。

"服饰艺术"实际上是近现代才出现的概念，但服饰艺术的内容，却是从远古时代有原始人就开始发展了。从世界各地的人类考古发现来看，大约在旧石器时代（一百多万年前至一万年前），地球上就出现了由类人猿进化过来的原始人，随着这一时代的逐渐演进，原始人已学会了群居、用火及制造工具。其中在工具类的制造活动中，同服饰密切相关的就是骨针的制造、项链串的制造等，比如在北京周口店山顶洞人生活遗址、山西朔州峙峪人生活遗址及河北阳原虎头梁人生活遗址，人们就发掘出了用兽骨制成的各种骨针；在捷克则出土了用猛犸牙、蜗牛壳、狐狸牙、狼牙及熊牙等制作的项链串；在俄罗斯莫斯科附近则发掘出了缀有猛犸牙珠子的衣物、猛犸牙手镯及饰环。类似的考古发现在世界许多地区都出现过。这就足以证明，人类祖先早在数万年前，就已学会了缝补及装饰。换句话说，人类在旧石器时代实际上就已经有了服饰艺术的萌芽。及至新石器时代和原始公社时期，人类的服饰艺术的发展已经具备了一定的基础、体系、规模和档次。这仅在中国就可以得到印证。大约在五六千年以前的原始社会时期，当时的中国尚处于母系氏族公社的繁荣阶段，以种植庄稼、蓄养牲畜及采集野生果植为主的原始农业，以生产加工日常生活用品的各类手工业，都有了一定的发展。这一时期的农业和手工业是最适合女性发挥天赋能力的行业，也正因为女性在这些行业里具有不可替代的主导作用，加上女性具有繁衍后代的生殖能力，于是女性自然而然地成了社会的主宰。

二、服饰艺术的起源

（一）模仿说

有学者认为服饰艺术起源于模仿。模仿是人的一种本能，人通过模仿自然事物及他人的外在表现形式，来获得艺术审美实践的完成过程。关于模仿的学说早在古希腊时期，就已比较流行。像柏拉图、亚里士多德等都是模仿说的笃信者。直到18世纪末，现实主义理论一直都没有超出过模仿说。虽然模仿说越往近现代发展，越显出其论定艺术起源之缘由的空虚乏力，但谁也不能否认这样一个事实，即模仿的确是艺术实践中的一个不可缺少的手段，在艺术中它几乎无处不在。实际上模仿不单在一般艺术中存在，模仿在服饰艺术中的存在也是十分引人注目的。

（二）现实需要说

有学者认为服饰艺术起源于人的表现情感及交流思想的现实需要。这种观点虽然产生于近现代，但有不少人都认同它。像英国诗人雪莱、俄国作家列夫•尼古拉耶维奇•托尔斯泰等，都莫不如此。托尔斯泰认为，艺术起源于一个人为了把自己体验过的感情传达给别人，以便重新唤起这种感情，感染自己也感染别人，艺术的目的不仅在于表现感情，而且在于传达感情，它势必要借助某种外在的标志。如果说模仿具有再现的特征的话，则这第二种观点的鲜明特征就在于表现。可以肯定，"表现"在艺术发展中具有举足轻重的作用，因为艺术说到底是一种极富创造性的审美活动，单纯地模仿自然事物及人类社会，只能制造一个个现实的影子，唯有表现才可能使艺术别有洞天。然而，单单以表现说来解释艺术的起源，也显得多少有些不够周全。不过当人们以表现说来审视服饰艺术时，却可以发现，"表现"对于服饰艺术同样具有不容忽视的意义。

（三）劳动说

有学者认为服饰艺术起源于劳动。有不少学者都认为，劳动中的号子、节奏、动作等对诗歌、音乐、舞蹈等的出现，具有直接的决定作用。这种说法可能有些道理，但这种说法是否更为有力，还需要辩证地看。假如从高屋建瓴的层面上评价劳动，人们就很容易发现劳动不仅是艺术的起源，它实际上是整个人类的起源，劳动不但为人类所有的艺术奠定了起源的基础，也很有可能直接促成了某些艺术形式的产生。

三、服饰艺术透视

（一）中华文化的"活化石"

中国素有"衣冠上国，礼仪之邦"之誉，这显然有溢美之意。其实，作为一个具有五千多年历史的文明古国，中国所具有的地域上的、人口上的、民族上的、历史上的，尤其是文化上的特殊性，在很大意义上成了人类文明的一个最富典型性和代表性的组成部分。如今，人们只要用心考察人类的历史文化，就断然少不了要对中国的历史文化作深入的考察，否则，任何有关人类文明的描述都有可能是不全面的。而要考察中国的历史文化，恐怕有两个方面的日常生活内容是不应当忽略的。其一是中国饮食文化，饮食文化在中国的发达程度，世界上任何一个国家都难以望其项背；其二是中国服饰艺术，这是中国最具有民族性、地域性、人文性及审美性的日常文明。

中国具有非常深厚的人文传统，服饰艺术是这个人文传统的一个极其重要的组成部分。中国的历史文化有相当丰富的内容凝聚和浓缩到了服饰艺术中。从某种意义上来说，中国服饰艺术是记录中国传统文化许多重要信息的"活化石"，要了解和把握中国传统文化，就不能不对这一组"活化石"做综合细致的考察。也正因此，人们考察中国服饰艺术，没有理由只停留在物质技术操作的层面上，而应当尝试用一种全方位的、综合的、审美的眼光来考察，而且必须遵循一些必要的原则，其中包括静态性与动态性相结合的原则，历史性与现实性相结合的原则，实用性与审美性相结合的原则，一般性与特殊性相结合的原则，物质性与精神性相结合的原则，空间性与时间性相结合的原则等。

（二）历史演变

人类的服饰艺术是在时间中存在的，它是有历史的，中国的服饰艺术也不能例外。因此，这里是对服饰艺术的发展历程所作的时间性的观照，它以客观反映中国服饰艺术不同时期的形质状态为目的，揭示出各代之间的服饰艺术差异，勾画出一条贯通古今的服饰艺术发展线索，力求以客观描述的方式来恢复中国服饰艺术在历史上的外在本相。总之，突出时间性或历史性是这一考察视角可以展开和完成的主要任务。从对服饰艺术的历史观照中，人们很容易看到，尽管服饰艺术在起源上或许是"服"在前、"饰"在后，或许是"饰"在前、"服"在后，或许是"服"与"饰"同步，但及至服饰艺术发展到比较成熟的时期，受人们审美追求的影响，"饰"实际上成了具有一定的自我独立性的纯审美系统。

（三）经济表现

服饰艺术首先是物质存在，它有质量、有色泽、有形式，它是人类社会生产创造的结果，因此服饰艺术实际上和人类社会经济有着最直接、最密切的关系。人类社会生产力的发展水平决定着服饰艺术的发展水平，个人的经济状况决定着人们的日常服饰。不同阶段不同民族的经济活动，大多要以一种具象概括的方式反映在具体服饰的质料、色彩、形制及纹饰中。中国服饰艺术，历经人类社会的各个不同的经济发展阶段，标识出不同的物质材料、工艺技术、消费水平。对个人来说，大多数人的人生基本奋斗目标，是落实在经济地位的不断改善和提高上，而经济地位的不断改善和提高的最明显标志，就是"吃饭"与"穿衣"的水准由差变好。同样，由于受经济的制约，在大多数人的观念中，服饰穿着的审美境界就是所谓的穿着贵重的、新颖的服饰。

（四）显示表达

本来，服饰艺术是一种现实化、感性化、日常化的存在，它必须以活生生的人为载体，必须诉诸具体的物质形态。

然而在现实中，服饰艺术实际上往往也会超出日常生活的限制，以一种文艺化、娱乐化、鉴赏化及演示化的方式反映和表达出来。像服饰艺术在小说、散文、诗歌中的出现，在戏剧、舞蹈、雕塑、壁画、国画中的出现等，就完全属于这种情况。与此同时，服饰艺术作为传统的一部分，它也会以指导现实服饰生活的实用理念方式表达出来，这种实用化的表达，可以体现为对服饰生活有借鉴指导作用的思想，从而见之于衣规服制或文献典籍，也可以直接表达为在时下服饰生活中的应用。首先，由于传统服饰是伴随着这些文艺及娱乐中的主角而出现的，所以其中所展示的服饰既出于现实生活又高于现实生活，具有一定的理想化、虚构化、浪漫化色彩，它们在很大程度上体现了现实中的人对理想服饰的想象、对反面服饰的厌恶。其次，由于某些传统服饰又是以现实指导和现实应用的方式出现的，所以它既可能表现为同现实的有机结合，也可能表现为同现实时尚的格格不入。人们从过去的小说及戏剧等文艺作品中可以发现，主人公的服饰并不是无足轻重的，它们对作者塑造人物形象往往有着极为重要的作用，因此作者总是在人物的服饰扮相上要动些脑筋，而读者或观众也总是先从服饰扮相上去认识主人公。总之，文艺中的服饰是服务于审美的，是体现了人的服饰艺术观念的。同样，传统服饰的现实实用表达由于受时代因素的影响，它既要承担对服饰艺术发展气脉的延续和传播，又要经历与服饰艺术新潮的相互磨合。

（五）审美特征

中国服饰艺术是以独立的美学品格存在于世界文化宝库中的，因此，它具有完全不同于世界其他国家、地区之服饰艺术的中华民族审美特征。中国人自古崇尚并憧憬"天人合一"的至上境界，从而同美的本源具有一种精神上及实践的亲和性。然而，由于中国是作为"礼仪之邦"存在的，因此，讲究"以礼治天下"又是其最突出的特征。这一原则贯彻到服饰艺术中，就有了以等级秩序来规约人们日常服饰消费的衣规服制。衣规服制的存在，使中国人的服饰艺术审美流露出很强的政治伦理功利色彩。于是，代表帝王、圣人、政体之意志（天）的"天人合一"就成了衣规服制的基本要求。显然，这使中国服饰艺术的审美又具体地表现出追求等级秩序之美、以"审善"掩盖甚至置换"审美"的倾向，表现出社会集体审美代替个性审美的倾向。就实际情况而言，儒家特定的审美观对古代中国人的服饰艺术审美施加了深刻的影响。不过虽则如此，社会中潜存的个性审美意识，却在道家、禅宗等多重因素的影响下，表现出了一些体制外的审美特点。魏晋、明末的服饰风格就或多或少地体现了这些特点。进入 20 世纪以后，中国人的服饰艺术审美逐渐获得了解放，20 世纪 80 年代以后，一个服饰艺术审美的自由化、个性化、开放化的时代格局正式建立了起来。这无疑为中国服饰艺术的审美化发展开辟了一个崭新的天地。

（六）鉴赏实用

中国服饰艺术自成系统，它有历史的部分，更有现实的部分。历史的部分基本上成了一种历史成果的积淀，成了一种记录中国人文明过程的物象景观。现实的部分是人们目前的物质文明消费系统，它是一种随着时尚、观念、交流及生活不断发生变化的时代人文的标志体系。尽管如此，历史和现实也并不是全然隔绝的。历史的部分，不仅成了人们今天认识中国传统文化的重要媒介，而且成了人们弘扬中华文明、创造新时期服饰之民族特色的重要源泉。有鉴于此，对中国传统服饰艺术给予一定的研究和关注就是必需的。

上述这些方面，其实只是人们认识中国服饰艺术可资利用的一个个切入点，一个个用来获知文化信息的视角。服饰艺术在本质上看是一种综合性极强的文化事项，没有多元的视角，就不可能全面地把握服饰艺术。换句话说，服饰艺术的文化性质，决定了它是由以下三个层面的内容组成的：其一是物质的、器具的、操作的层面；其二是精神的、观念的、交流的层面；其三是制度的、秩序的、传统的层面。这三个层面互相联系、互相影响、互为因果。一般而言，"物质层面"同"观念层面"几乎是同步发展相互促进的，"制度层面"则稍稍晚于两者才出现。

四、服饰艺术的环境影响

（一）自然地理环境

自然地理环境是由人们生活在地球上的不同的经度纬度方位来彼此区别的。生活在南方与生活在北方有很大的不同，生活在东方与生活在西方也有很大不同。由于经纬度的不同，它们的日照、降水及临风的时间彼此不同，因此自然气候有相当大的区别。南方越接近赤道、接近海洋的地区，降水越多，气温越高，四季界限越不分明；北方则因为远离赤道、海洋、深居内陆腹地，空气干燥，气候寒冷，四季界限分明。此外，不同经纬度的地理地质形态也有很大不同，有的是高原沙漠，有的是平原丘陵，有的则是海岛丛林，有的土地肥沃、物产丰富、资源富足，有的则没有这方面的先天优势。表现在服饰上，由于环境的不同，人们对于服饰的需求就会随环境的不同而有很大的差异，如南方的服饰，整体色彩淡雅，质地轻薄；而北方人的服饰多数厚重，颜色深沉。

（二）社会角色环境

人是自然界高度发展的产物，人与动物的重大区别之一就在于，人通过改造自然及自身的劳动实践，推动了文明的发展和演进，缔造了"社会"这个专属于人类的特殊环境。从根本上而言，社会是人类文明唯一的组织形式和呈现方式，社会以秩序的、逻辑的、理性的、科学的形态，将人类的一切物质文明成果及精神文明成果容纳其中，从而为人类文明的不断进步创造了必要条件。尽管社会因时代的不同而有所差异。按照社会学的理论，一个人自降生之日起，就开始了其逐步实现"社会化"的过程，也就是开始了他从一个自然人、生物人向文明人、社会人转变的过程。在这个社会化过程中，他必须从小到老承担各类社会角色，只有比较顺利和基本胜任地完成自己在不同时期、不同场位的角色定位，他才算真正实现和完成了社会化。

对自然环境和社会环境来说，它们各自还可以做这样的内部划分，即同一时间里的不同环境，同一环境里的不同时间，因人的社会角色的不同与不断变化而表现出各种服饰着装的需求。正因为如此，中国服饰文化呈现出不同的艺术形态特征。

第三节　传统服饰美学

一、服饰美学概述

服装最初是以实用为目的，在漫长的发展道路中，被注入了各种各样的自然与非自然因素。服装美学属于社会科学的范畴，它与政治、法律、哲学、心理学、教育学、文学艺术理论、伦理道德、风俗习惯、宗教等有着直接的关系。服装美学还包含着科学、技术、经济学等自然科学。服装美学是以真、善、美作为核心的，反之，以假、丑、恶作为其批判对象。

（一）服装美学与哲学关系密切

服装美学最根本的研究对象是服装美的本质。服装美学是美学的一个分支，一般的美学理论不能完全代替服装美学，服装美学有着自己的特殊性。美学是属于哲学范畴之内的科学，研究服装美学要以哲学作为理论基础，研究服装审美意识、服装审美规律和服装美学史。哲学是关于世界观的研究科学，哲学研究的最主要课题是思维和存在、精神和物质的关系问题。服装美学正是从这一根本问题着手进行研究。

（二）服装美学与心理学有着非常重要的关系

服装美学是一个多学科的课题，心理学在其中占有相当重要的位置。人类在群体中生活，在政治、经济、人际关系等多方面的影响因素中产生了心理作用。如穿衣服的动机和需要、服装态度的形成、个性和服装的关系、服装的象征性、社会角色和服装的关系等。

（三）服装是实用品也是艺术品

艺术的创作规律一般都能运用于服装的创作。因此，艺术理论对于认识服装美学是很重要的，但是艺术理论不能代替服装的创作理论。艺术是指用形象来反映现实，但比现实有典型的社会意识形态，这是社会意识和人类活动的特殊形式。艺术从一定的审美理想出发，对现实加以形象地创造，这是艺术理论的基础。作为服装的创作，可以借鉴艺术的创作理论，但服装毕竟是从实用出发的，然后才是艺术品。服装的欣赏性一定要和人的自身美结合起来，才能体现服装的美，才能说是一件艺术品。一幅中国画是反映现实的作品，任何人都可以去欣赏，只是由于每个人的审美水平、审美意识不一样，因此所得到的感受也不一样。服装与一般的艺术品就不一样了，一套服装不是什么人都能穿的，这里有年龄、性别、职业、地位等区别。艺术创作都有自己的感性外观，这种外观是受创作"材料"制约的。

（四）服装美学形成的社会背景

服装是由于社会角色的需要而产生的，要研究服装美的本质必须从社会群体和社会角色出发。服装美的形成是社会实践的产物，它也可以反映当代的政治、经济、伦理、道德等问题。

（五）服饰文化的发展状态

服饰义化是整体文化的一部分，在整体文化中处于从属地位，整体文化发展了，从属文化也跟着发展。随着社会经济的发展，人们的生活也发生着根本的变化，人们的物质文明也跟着变化，精神文明也随之改变。服装设计师高水平设计必须是满足人们在物质文明之上的精神文明需要。

（六）服饰文化的民族性

每个民族有每个民族的特征，民族特征是各族人民在长期的群体生活中逐渐达成的共识。这些民族特征是由生活方式、风俗习惯、生产劳动方式、环境气候等因素形成的。服装设计师必须以艺术修为分析、理解这些民族的特征，以便更好地创作出既有民族性又有时代感的服饰艺术作品。服装设计师本人所具有的世界观、知识水平、审美特点、创作方法、市场观念等特点，能通过服装艺术作品反映其艺术审美的修为。服装的社会角色是服装设计考虑的重要内容。服装艺术设计必须为社会角色服务，社会角色是服饰群体的基础。人的地位、职业、性别、个性等都要通过服装来体现，也就是通过这些因素来表现社会角色，揭示出社会角色的特性。

（七）服装美学与风俗习惯有着不可分割的关系

在民间由于人们精神生活的需要，创造了很多自己的精神期望，诸如长寿、吉祥、喜庆、福禄、百年好合、多子多孙、花开富贵等，这些期望很自然地反映到服装上来。

（八）服装美学与地理环境、气候、宗教信仰的关系

由于地理环境、气候、宗教信仰等不同的因素，人们形成了不同的生活习惯。因

此对于服装审美的要求和观念有很大的不同，西藏与新疆的穿衣风俗就有很大的区别，寒冷地区与炎热地区的穿衣风俗也不一样。因此，服装美学的研究，一定要注重不同地区的民间风俗的历史、现状和未来发展。

（九）服装美学与伦理道德的关系

中国传统文化的一个重要特点即看重伦理道德，服装与伦理是服装审美的重要内容。人际关系的吸引，人与人相处的各种道德标准的实现，服装在其中起着不可忽视的作用。自古以来，中国在服装与伦理的关系上就有严格的要求。如古代的"冠服制度"就贯穿了统治阶级的审美观念。

综上所述，服装美学的研究从各个方面入手，服装是产生于人类的实践，因而服装美学的研究，也必须从实践出发。实践的内容是从服装的核心"真、善、美"进行探索。服装美学是美学的一个分支，服装美学有着自己的特殊对象。服装美学研究的任务最主要的是人和服装共同展示的美，服装是穿在人身上的，这就涉及人的体型、人的地位、人的性格、所处的环境等。在研究服装美学时，要充分地运用理论联系实际的方法。从服装史的角度来看，从古至今无论是官方还是民间，都有着十分丰富的理论基础，服饰审美都是从服装穿着的实践过程中一点一滴地总结出来的。统治者有统治者的要求，民间有民间的朴素想法。

二、服饰美学的秩序与效果

（一）静与动的统一

服装的实用首先是适体，人的体型各有不同，有的人体型比较标准，有的人有明显的缺陷，如驼背体、肥胖体等。因此服饰必须与人体配合好，比较标准的体型使其更加完美；有缺陷的体型可以掩饰某些缺陷。人体是活动着的，而服饰本身是静止的，静止的服装穿在人的身上，如果不符合人体活动的规律，就失去了服饰的作用。怎样使静止的服装符合活动的人体，使静与动统一起来，需要研究服装与人体的结构关系。静与动的统一，必须是有秩序的，这个秩序就是符合人的体型。首先是人的头部活动比较频繁，也是表达人物感情的主要因素，即使是坐着或站着不动，头部的动感也是很强的，头的转动是靠脖子来支撑的，因此脖子与服装的关系就显得很重要了。其次是面部，面部是人的内在感情与服饰相统一的重要结合部位。再次是人体的多处活动部位，如腿、腰、腹、臀、肩、胸、臂、手、脚等。颈与衣服的领子关系密切，无论是领线或领形都必须适应脖子的倾斜度、粗、细、长、短。脖子的活动范围虽然幅度不太大，但它是头部和身躯的连接部位，身躯的转动是受头部活动的指挥，脖子在这中间的活动就处于重要地位，因此需根据这些因素来确定领子的造型和领线的造型。如西服、中山服用于某些正式场合，领子就要挺括，适应脖子小幅度的转动；运动服要便于穿着者活动，领线就需要开阔，领子需要柔软，适应脖子大幅度的转动。一般地说，胖人的脖子都比较短，用较深的 V 形领线、匙形领线或 U 形领线，在视觉上给人感觉脖子拉长了一点。如果脖子比较长应该用圆领、高领、玳瑁领或中式领。常规来看，服装的领子是与衣身连接不移动的，但是如果与动的脖子配合不好，就使整体的服饰美感大大地打了折扣。

（二）内在与外在的统一

穿衣的问题，看来似乎是一件很平常的事情，其实是人们生活中最基本的物质需要。穿衣虽然是最基本的物质需要，但每个人有每个人穿衣的"格调"。这是什么原因呢？构成"格调"的基础是穿衣的"风度"，风度又是什么？也就是一个人的仪表举止、行立坐卧的姿态。风度的构成，内在的因素包括人的语言行为、生活习惯、性格特征、思想境界、职业地位等；外在的因素包括人的举止姿态、待人接物、性别年龄、体型容貌、服饰打扮等。风度和服饰的关系很密切，但不是唯一的因素，除上述的内在因素和外在因素之外，还必须具有时代特征。

服饰的"可读性"具体内容是什么？这要看能否"读"出内因和外因的结合程度。这并不是说，对每个人的服饰都一定要"读"出其内涵，也只能是揣测而已，这实际上是"以貌取人"。但这种"读"的方法，不单是"以貌取人"，而是从"貌"推进到灵魂。虽然不能"读"得进入人的心灵深处，也能揣想到一部分。

1.服饰面料

服饰面料给人的印象是第一位的。同样的色彩，面料的好坏给人的印象是不一样的。如中山服可以用棉布，也可以用化学纤维，更可以用高级毛料。料子不同，其光洁度、悬垂度、挺括度完全不同。服饰面料的质地是决定服饰的档次，面料肌理与色彩相结合决定服饰的等级，如色彩柔和或较暗的颜色显得档次高；生物（包括动物、植物）成分越高档次也越高，如羊毛、真丝、动物毛和皮（如山羊皮、牛皮、狐皮、水獭等）、棉花、麻等。化学纤维往往被看作低档的面料。

2.服饰色彩

色彩是面料质地的有机组成部分，色彩又往往代表个人的爱好、性格。读懂服饰色彩，可以进一步探索人的内在因素，例如，现在社会中上阶层往往喜爱藏蓝色或深色着装，如公司老板、政府官员等；知识分子往往喜好中性的色彩，如深灰、烟灰、咖啡色等；年轻女性都喜欢追逐时尚潮流，因此在色彩上常常是不十分固定的，这要看她的性格所向，活泼的性格喜爱艳丽的色彩，沉静的性格喜欢中性的色彩，豪放的性格喜爱对比强的色彩。

3.服装款式

其实服装款式并没有什么特殊的要求，无非是服装的搭配和配套。有人说这个人敢穿衣服，也就是说什么都敢穿，但是会不会穿衣服却是大有学问。会穿衣服的人不光是大胆，而是更科学、更恰当地表现出自己的个性。

4.服饰的整洁度

整洁度可以看出一个人的职业、爱好和性格，尤其是在工作时间内，甚至可以从服饰的整洁度了解一个人的职业。

三、服饰美学与视觉艺术

（一）服饰的结构

"结构"在词典里的解释是"各个组成部分的搭配和排列"。从视觉角度来研究结构，主要是知觉心理。当人们欣赏服饰的时候，目测它的结构往往是从它的整体性、装饰性出发。在这个视觉范围内，服装结构中的承重力、悬垂性都是观察的重点。服装的承重力主要指的是服装的支点，人体的支点有肩膀、腰、臀、膝、臂等。根据人体形成的总身高、衣长、胸围、腰围、臀围、总肩宽、袖长、领围、裤长、脚口、前腰节、后腰节等是形成服装结构的基础。服装衣片的形状和衣片形成的各种直线、曲线、弧形线、圆线等线条的连接、排列、缝纫等，都是结构的基础。褶、省、缝线等是满足人的视觉美感与结构之间的桥梁。人们说服装的构件就是衣片，从视觉审美角度看服装，就是衣片组成的服装结构。只有服装与人体结合，才能显示出服装的结构，服装结构又是为了体现人体的美，服装结构本身必定具有很强的装饰性，因此可以断定服装的结构就是装饰。

服装结构的实用价值，立足于"穿"，因此在人们的视觉中的服装结构，必须是能"穿"在人身上的结构。脱离了穿的功能，结构再完美也不适合人的视觉审美习惯。服装结构的"和谐性"是服装结构的灵魂，与人体的和谐当然是重要的，但是服装本身的和谐与服装结构是相辅相成的。大衣与插肩袖是和谐的、连衣裙与灯笼袖是和谐的，中山服的翻领与贴袋是和谐的，旗袍与中式领是和谐的，西服与驳领是和谐的，与此相反就显得不和谐了。这是因为人们的视觉美感被一定的审美经验所限制，设计师在服装设计创作时，必须在结构的和谐上满足人们的审美习惯。服装结构的魅力在于各部分之间组合的关系，各部分的排列、组合、衔接、空间等。服装裁剪的工艺过程，也是服装结构排列组合必不可少的，如布口、横线、直线、划顺、撇势、起翘、止口、叠暗门襟、挂面、驳头、覆肩、褶裥、缝份、颈肩点、胸宽点等。服装结构的概括性在于省略和提炼，也就是说服装以完整为前提，即使是装饰也要做到恰如其分。

（二）服饰的色彩

自从人类懂得了运用色彩，色彩的象征意义便伴随着人们的生活而存在，服装色彩的象征意义更是如此。色彩的象征意义主要来自人们的生活经验和联想，也是和人们的情感相关的。人一生下来就接触颜色，可以说，色彩是服饰的不可或缺的一个重要组成部分。颜色与人们的日常生活息息相关，颜色给人们的感觉是多种多样的，同样，对人的生理和心理都有很大影响。颜色的使用位置不同给人的感受也不一样，颜色的形态不一样所表现的感情也不一样。颜色附着在不同的形象上，所表现的质感不一样，给人的感觉也不一样。用眼睛看可以说是知觉的最好方法，也就是说视觉是知觉的窗户。如果说知觉的价值就是审美的价值，通过视觉才能体现颜色在人们审美中的地位。各种颜色在审美方面有不同的价值，不同的价值产生不同的效果，这和颜色所处的环境有着很大的关系。

如蓝颜色用于冷饮包装，给人神清气爽的感觉，如果用于咖啡的包装就显得不太协调。服装的格调除取决于款式、穿着方式、搭配技巧得当之外，颜色是至关重要的。什么颜色是中上层人士穿着的？有人说灰色系、深色系，如蓝灰色、藏青色显得高雅，适合中上层人士穿着。人们所说的中上层人士，是指那些在经济上比较富裕，或是事业上比较成功的人士。但这也不是绝对的，有些人从穿着上的气质穿着场合来看，穿这种颜色的服装并不显得高雅。假设办公场合穿了一套紫色的套装，从场合上看是一种比较日常的格调，但是紫色在另外的场合也可以体现出高贵感。

（三）服饰的质感

"肌理"的词条是这么说的：织物经纬之排列，织物、表皮、外壳、木头等表面或实物经触摸或观看所得之稠密或疏松程度；质地松散、精细、粗糙之程度；表皮、岩石、文学作品等构成成分及结构之排列；艺术作品中物体表面的描写；在生物上，意为组织、组织之结构，源于拉丁文即"纹理"。质感与颜色关系密切，天然的肌里比人造肌里显得自然。前面提到的紫色如果是动物的皮毛，就比普通的棉布显得高档。一切产品都是由材料构成的，设计师的设计工作实际上是对材料的运用，因此材料表现出的美感，是通过材料的质地体现出来的。材料美的载体是由具体的形象构成的。现代书籍的材料是纸张，如果仍像古代的书籍，用竹木之类的材料，只有给人笨重的印象。

时代在前进，纺织科学领域不断突破，新材料不断涌现，因此材料美也充满了时代因素。材料美的条件有很多，如质地、色彩、肌理、光泽、形式、功能等。"质地"是材料的结构的性质，有自然形成的，也有人造的。如木材的密度、纹理、韧性等；柔软性、光泽性、挺括性、悬垂性、成型性组成了服装面料的质地。

材料的质感还包括材料的肌理，"肌理"是物体上呈线状或网状的纹理。还有一种是属于非天然人造的纹理，如花纹、漆纹、织纹、人造革、合成革、纸纹、水泥、塑料等。每一种纹理都要有一定的条件和多种多样的加工方法，如织纹就分缎纹、平纹、斜纹等。肌理要与物体的形式相结合，才能充分发挥肌理的美。"肌理美"是质感的窗口，绸缎的肌理必须使绸缎的织纹与光泽、柔软、花色、悬垂度结合起来，才能表现绸缎的肌理美；家具如果是用木质材料制作的，材料的肌理必须与坚韧、挺拔、平整等因素结合起来。光滑的、发亮的、平整的、洁净的、细腻的、粗犷的等特性总是给人以舒心、畅快的感受。用棉布制成的桌布总是比塑料的桌布高级；实木的家具总是比三合板家具高档；真丝服装总是比人造丝服装显得自然。人们欣赏肌理美的趣味，随着时代、潮流、科学的发达、产品的更新换代，也在不断地调整、更新。

服装材料的质感，是在多种多样的纺织品的基础上形成的，如棉织物、丝织物、毛织物、化纤织物、是纺织品吗等。服装材料的质地与色彩、款式、线形等有密切的关系，如果用帆布设计一件衬衫显然是不行的；用塔夫绸做一件大衣也不合适。从这一点出发，对服装质感的欣赏，必须结合穿着形象。在设计问题上，考虑造型、款式、色彩、实用等方面是重要的，但材料是更重要的，考虑服装造型的同时必须先考虑材料。材料的质感不是单一的，往往两种材料以上搭配使用才能使得质感更强。互相组合的材料，借用两者之间的不同属性，互相衬托、互相制约使材料的质感更为突出。如软硬组合的材料，其软与硬是两种完全逆反的性质，软硬互相排斥，而又互为利用。皮带围在腰间，必须是软材料，但是皮带头一定是金属的硬材料；一块桌布，只有铺在桌上才能显示它那美丽的质感和造型。其他使质感更突出的、互相制约的材料因素，如光泽的对比、粗犷与细腻的对比、透明与不透明的对比、柔软与厚重的对比等。形式效果是由材料效果奠定了基础，没有材料效果的质感，很难想象形式效果是不是完美的。

（四）服饰的"错觉"

在视觉范围内，人的眼睛看东西常常出现错觉，这种错觉实际上是一种主观现象，错视现象每个人不一定是一样的。视觉思维除眼睛所看到的东西，还与人的生活经验有关系。如果所看到的图形，在原图形的基础上不断地变化，那么错觉量也随着它的变化而变化。错觉往往和所处背景有关，线条长和短的对比、物体和明暗的关系、物体和空间的关系、色彩的深浅浓淡等。众所周知的横线、竖线对比时的错觉，角度大与小对比的错觉等，是通过实验手段实现的。在生活中这种现象比比皆是，有些错视现象，不但能欺骗人们的眼睛，还可能被其利用，使人们上当受骗。

如何应用错觉，使错觉为人们的服饰服务，是服装设计师的责任。服装所运用的

"错觉"现象，主要是通过图案、面料的肌理、服饰的配套等手段实施的。一般地说，错觉都是在对比情况下产生的，有明才有暗，有粗才有细，有上才有下，有大才有小，有了透视才有层次等。在造型、图案、服饰的设计上运用"点"的变化错觉，是由于有了辅助线才使人对点有了错觉；"线"有了交叉点，才使人对线有了错觉；"面"有了层次、透视，人对面才有了错觉。因此，人们说错觉是从对比中产生的，形象错觉的对比关系是"相生相克"的关系。线的长短、角度的大小、面积的大小、形象的远近、横竖的轻重、物体的高低、分割的尺寸、位置的移动、光的明暗等都是"相生相克"的关系。色彩的轻重、距离、冷暖、明度的高低、饱和度、光照的变化等"相辅相成"的关系。在服饰设计上还经常用"顺"的方法，这种方法是顺着设计师的指导，让人的视线上下左右移动，使人的视线发生拉长或展宽的感觉。"影"的方法能达到"以假隐真"或"以真隐假"的错觉，辅助线或辅助面，像影子一样跟着主题形象，影子的出现，形成了对比关系，使人发生错误的判断。利用光暗的对比关系，在款式、色彩的设计上，诱导人的视线去注意明亮的、鲜艳的色彩，从而不注意暗面，使人体上某些不合比例的部位，在暗面中隐去。总之，错觉的应用使设计更生动、更能满足人的视觉美的要求。

第六章　传统服饰的应用与设计

服饰品是借助物质手段直接美化人自身的实用艺术品，与人们日常生活的关系甚为密切。在人类文明发展史中，服装与服饰品起着至关重要的作用。随着人类的生存与繁衍、社会的演变与发展，服饰品与服装经历了从初级到高级、从原始到现代的漫长过程。

第一节　解析传统民族服饰语言

一、民族服饰的符号特征

传统民族服饰兼具精神与物质双重属性，是民族传统文化的一个重要载体，是社会文化现象的反映，具有实用、审美和社会功能，是区分族群的标志。由于每个民族的生活环境、风俗、信仰、审美等方面的差异，造就了服饰的款式、材料、色彩、图案、配饰、制作工艺等千姿百态、风格迥异的特征。服饰的符号化形式，产生出独立的审美意义，最终构成一个民族重要的外部特征，体现了穿着者的宗教信仰、社会地位、审美情趣、年龄性别及民族归属感等。服饰样式的变化、材质的运用、色彩的搭配、纹样的选择，不但记录了特定历史时期的生产力状况和科技水平，而且反映了人们的审美观念和生活情趣，具有特定的时代特征。

（一）图腾与民族服饰符号特征

图腾一词来源于印第安语"totem"，意思为"它的亲属""它的标记"。在原始人信仰中，认为本氏族人都源于某种特定的物种，大多数情况下，被认为与某种动物具有亲缘关系。20世纪初，"图腾"概念被传入中国。远古时期各族团因天灾人祸，造成大规模迁徙，但其文化大都保留着离开母体时的文化符号特征，这些符号特征作为图腾被保留下来。在少数民族服饰中，处处可见图腾崇拜的痕迹，不同民族图腾有所差异，如白虎是白族的图腾，龙蛇是苗族、彝族的图腾，牛是布依族的图腾等。所有这些图腾都留有信仰的痕迹，具有图腾崇拜的原始文化内涵。在我国南方少数民族中，傣族、独龙族、黎族、高山族、基诺族、德昂族、布依族等民族至今还保留文身这一古老的人体装饰。例如，黎族人民为追念黎母繁衍黎人的伟绩，并告诫后人："女子绣面、文身是祖先定下的规矩，女人如不绣面、文身，死后祖先不相认。"绣面、文身多于十二岁左右开始纹，黎族人称为"开面"，一是表示身体已发育成熟，二是可以避邪保平安。

黎女文身的记载和传说各有不同，据说黎族先人越人是崇拜蛙、蛇图腾的，所以他们就喜欢在自己的衣服与身上绣上与蛇虫一样的图案。文献有"黎女以绣面为饰"之说，黎女绣面还体现等级关系，绣面是有身份妇女的一种装饰，奴婢是不准绣面的。她们在文身前都要举行专门的仪式，赶走鬼魂，杀鸡摆酒，庆贺祖宗赐予受文者平安和美丽。

独龙族姑娘到十二三岁便须文面，其方法是先用竹签蘸锅烟灰在脸上描好花纹图案，待墨迹干后就用竹针拍刺。由于各地习惯不同，独龙族文面的部位、图案不尽一致，文面图样大多以几何图形为主，有的只文嘴唇四周，有的刺到额头，有的则刺满全脸，因而有小文面和大文面之分。独龙江上游地区即上江一带，满脸都文刺，称大文面，也就是鼻梁、两颊等都刺上菱形图案及线条；独龙江下游即下江一带，则只刺下额二、三条，像男子下垂的胡须，称小文面。独龙族妇女为什么文面，概略地说有四种说法。

第一，妇女文面是为了装饰，同时也是一种美的象征。传说人死后的亡魂最终会变成各色的蝴蝶，每当峡谷里飞起这些美丽的蝴蝶时，人们便认为这是人灵魂的化身。为了这些传说中的精灵，于是按祖辈传承的社会习惯，在即将成年的女孩子脸上用竹针和青靛汁刺出永不消退的蝴蝶花纹。这种由蝴蝶图案展示的女性精灵美，最终成为独龙族祖辈沿袭的一种爱美的象征符号。

第二，文面是原始崇拜和某种巫术活动的产物，认为文面可以避邪。

第三，文面往往联系着原始部落的图腾标志。图腾标志是不同氏族或部落的特殊标记，它能够让生活在不同时代的同族成员，正确地认识自己的家族集团或祖先。独龙族是没有文字的民族，常常以符号或图腾帮助记忆。独龙族的文面，就是其中的一种形式，它以脸上固定的图形说明自己的族属和祖先，作为划分各个氏族、家庭集团的标志。

第四，独龙族妇女文面是为了防止察瓦龙藏族土司抢逼为奴。

文身是傣族男子的重要特征，是傣族男子壮美的标志之一。傣族文身的盛行与信奉佛教有关，按传统习俗，傣族男孩到八九岁就要进缅寺当和尚，学习佛理和传统文化，接受宗教的熏陶洗礼，同时也就开始文身，又叫"夏墨"，即刺墨。进佛寺而不文身的人叫"生人"，被认为没有成人。傣族男子成年后如果还没有文身，会被认为是背叛傣族，人们就不承认他是傣族子孙，就受到社会的歧视，特别是受妇女的歧视。傣族谚语说："石蚌、青蛙的腿都是花的，哥哥的腿不花就不是男子汉"，"有花是男人，无花是女人"。男子文身显得勇敢英武，受姑娘们青睐；不文身，被视为"分不出公母的白水牛"，甚至娶不到老婆。所以，傣族男子人人文身，一般多在十二岁至三十岁之间进行。

傣族男子文身的部位分整体和部分文身两种。整体文身从头至脚；部分文身只在两臂、手腕和小腿等处纹一些简单粗条纹、细条纹或符号、咒语、生辰、名字等，或纹一些戏谑性的纹样。文身部位越宽，花纹越复杂，越被认为是勇敢和有男子气的象征。在这样的文化背景下，文身的部位和花纹的繁简，也就成为女子对男子的审美标准和选择条件之一。傣族男子文身还有避邪、预卜吉凶或某种巫术魔法的意味。

傣族文身是以原始宗教和佛教相互依附、共同发展的方式保存下来的。文身不但是原始巫术、咒语护身的方法，而且成为膜拜佛祖释加牟尼，推行佛学、佛礼，利用佛教礼仪、符录令牌护身的方法。由于西双版纳傣族同时信仰原始宗教和南传上座部佛教，具有二元宗教文化的特点，因此，文身的种类多，且文身内容和表现手法也丰富多彩。表现形式主要有以下四种。

第一，线条花纹，有直线条、曲线条、水波纹线条等。

第二，图案花纹，有圆形、椭圆形、云纹形、三角形与方形等图形。

第三，动植物花纹，有虎、豹、鹿、象、狮、龙、蛇、猫、兔、孔雀、金鸡、凤凰，以及树或草的叶子、花等。

第四，文字，有巴利文、傣文、缅文、暹罗文的字母或成句的佛经，还有咒语、符录等，其他还有人形纹、半人半兽纹、佛塔纹、工具纹等。

傣族有多种多样的文身方法，黥、刺、纹、墨是主要方法，即在皮肤上面刺纹，留下印痕或图案；镶、嵌，把宝石嵌入体肉。傣族文身还有专门的文身工具、特殊配制的原料，有固定的文身程序，还有一定的仪式和禁忌，这点和傣族制作贝叶经的方法很接近。

随着人类的发展，服装出现之后，许多文身图案以新的形式保留在服装上，如高山族对百步蛇的崇拜转化为服饰图案，成为文身的印记。如今许多年轻人文身，更多的是追求一种勇者的时尚，一些大都市里出现的人体彩绘似乎也可以视为图腾艺术的升华。此外，追求时尚的女性们在指甲上做装饰、涂指甲油，手臂或肩部贴各种花纹，在耳垂、肚脐、鼻子等处打洞戴各种饰物等，不也是古老图腾的延伸吗？

（二）民族服饰图案的符号特征

服饰图案作为一种特定的符号类型，源于图腾崇拜意识、民族历史、神话故事以及对大自然的眷恋之情，是非常典型和具有代表性的符号。民族服饰图案的内容来源于生活，是对自然形状的拟形，也是对造化的写意，多以各种动植物为蓝本，并将美好的意愿寄予在服饰图案中，是民族服饰艺术的灵魂。

被首批列入国家非物质文化遗产名录的云南昌宁苗族服饰，是昌宁地区苗族几千年迁徙的历史缩影。昌宁苗族服饰以百褶裙、长袖上衣、领挂、围腰、飘带、三角小围腰、披肩、绑腿、包头等"十八件套"而闻名。长袖上衣有上、中、下三圈珠串响铃或图案分层排在长袖上，分别代表天、地、人；领挂多是同一图案反复排列而成；围腰是从苗族祖先蚩尤的战袍演化而来；飘带绣有黄、白、绿、红四色横纹，分别代表苗族祖先生息的黄河、长江、洞庭湖和鄱阳湖以及现今生息的澜沧江。昌宁苗族服饰以红色为主体，记录了他们浴血奋战的历史。衣服上的一缕缕麻丝都是苗家经历的一次次苦难，每一缕红色，都象征着苗家经历的一次次血战。妇女上衣披肩上的图案和线条，象征长城和炮台。

大理白族女性都戴一种头饰，分别代表了大理四个地方的景色：微风吹来，耳边的缨穗随风飘洒，显现了下关的风；包头上的花朵，代表了上关的花；顶端白绒绒的丝头，代表了苍山的雪；整个包头弯弯状似洱海的月，它是姑娘心灵手巧的标志。

纳西族是世居云南省丽江、中甸地区的一个古老民族，纳西族女子服饰有两种类型：一种在丽江一带，穿的人数较多；另一种见于中甸白水台，他们的服饰中最具特色的当属"披星戴月"披肩。披肩上面是七个星星图案，用彩线绣制，缀饰在羊皮背饰的表面。这种披肩是用羊皮去毛、洗净、硝白，经缝制而成，然后在披肩上绣上两条白布带，劳动时就将披肩的布带拉到胸前十字交叉系紧，看上去犹如七颗闪亮的星星围着一轮明月，人们把这种衣装称为"披星戴月"。"披星戴月"披肩既美观又防风雨还耐磨损，它是纳西族妇女勤劳善良美好品质的象征。

（三）民族服饰色彩的符号特征

中国各民族服饰的色彩观念，来源于中国各民族古老的哲学思想，赤、黄、青、白、黑五色观深入到各民族的色彩审美意识中。各民族由上古不同的氏族演化而来，由于历史背景、自然环境的差异，对色彩的崇尚也不一样。汉族以黄色为高贵；藏族、蒙古族、回族、羌族、白族、普米族、纳西族等民族服饰崇尚白色；彝族、土家族、傈僳族、景颇族、拉祜族等民族崇尚黑（或青）色；哈尼族将神域之色的红色顶在头上；苗族、瑶族、土家族则喜欢大红大绿的搭配；纳西族的青、赤、白、黑、黄五色，被认为与人的生辰、命相有深刻的关系等。由此可见，民族服饰的色彩选择与搭配体现了不同民族的信仰与文化内涵。

北方各民族服饰色彩总体上偏爱热烈而单一的色调，与人们生存的自然环境色调形成和谐的对比统一。蒙古族由于长年生活在一望无际的草原上，蓝天白云，草原羊群，因而形成了崇尚青、白两色的审美观念。好穿青色服装的民族，不止蒙古族，南方许多少数民族如布依族、壮族、仫佬族、水族、黎族等民族也崇尚青色。贵州镇宁布依族妇女爱穿青、蓝色上衣，袖子中段和袖口缀以蓝白相间的蜡染涡形花绒，下身是百褶长裙，裙料多为白底上布满蓝色菱形小点花纹的蜡染布。从自然环境来看，布依族生活在云贵高原，苗岭山脉盘亘其中，山水秀丽，云山烟水，其色彩的审美情趣也许就是受自然的启发或者是对自然色彩的审美模仿。

生活在我国南方亚热带地区的一些少数民族，景色明媚、繁花似锦的自然环境使他们容易接受强烈多变、艳丽丰富的色彩，服饰的色彩便和居住在北方的民族迥然而异。傣族妇女的筒裙色彩艳丽，纹饰丰富。苗族的盛装极为华丽，绣花的色彩多为红、黄等暖色。他们对红、黄、紫色似乎特别偏爱。在苗族人民心中，红色象征着胜利，象征着欢乐；黄色代表财富，显示华贵。在着盛装时，头戴银冠，身上还要用大量的银项圈、银锁、银片、银泡、银铃作装饰，令人产生雍容华贵之感。

民族服饰的色彩不但具有自然的特性，同样还具有象征意义。在塔吉克族人看来，红色是太阳和火的颜色，象征不怕流血的英勇精神。塔吉克族男女订婚时，男方送给女方的主要礼物之一是大红头巾，姑娘头上、身上的饰物也多用红色。在藏族的文化观念中，红色是权力的象征，是英雄们的鲜血的标志，所以红色代表着尊严，象征着一种威慑的力量。而白色的"哈达"，会同时唤起敬献者和接受者的圣洁、尊贵之情，产生美好的联想。"哈达"已成为一种符号，一种代表盛情和尊贵的符号。

（四）民族服饰的形制符号特征

世界的服装分为成型类服装、半成型类服装和非成型类服装。成型类服装指以人体为依据，通过省道和分割线去掉服装与人体之间的多余空间，将面料进行裁剪缝制，由平面转化为立体的包裹人体的服装，即合体服装，近现代西方的服装大多属于成型类服装。非成型类服装是指用未经过裁剪的面料直接缠裹在人体上成为衣服，我国独龙族的麻布独龙毯属于非成型类的服装。而半成型类服装指的是尽量保持面料的完整性，对人体简单概括经过缝制的服装。我国的少数民族服装主要属于非成型类服装和半成型类服装。

半成型类服装与非成型类服装都属于平面结构。我国少数民族服装的结构大多属于平面结构，服装外形只是对人体造型的简单概括，其服装形制始终贯穿着以前后中心线为中心轴，以肩袖线为水平连裁的十字形结构。中国少数民族的服装结构与中国传统服装一样，具有结构的统一性和趋同性，无论是哪种形制的服装都是十字结构的变体。

民族服装基本形态按外廓型可分为前开型和体形型。前开型是指服装前开襟有袖（或无袖）的长衣，在服装前面有扣（或无扣），或用带子扎起来（或不扎）的方式所形成的服装形态，如藏族、土家族、哈萨克族、裕固族、锡伯族、塔吉克族等民族的服装均属于前开型。其特点是前开、左右襟相压，把身躯及下肢两腿同时包裹起来。体形型是按照体形分别包装的类型，原则上服装上、下分成两部式。苗族、侗族、哈尼族、撒拉族、彝族等民族服装的穿着形式都属此类。

我国各少数民族服装形制丰富的变化发展过程，其实是服装领与襟的变化发展过程，按其内部结构可分为贯头式、对襟式、斜襟式和大襟式。

1.贯头式

贯头式服装也叫贯头衣，前后片通常为整幅布，没有领和襟。贯头衣的形制发展大致可分为早、中、晚三期。早期贯头衣为最原始的服式，在整张兽皮中央切开一个口子，穿着时由头部套入，腰间用绳系住；中期贯头衣是由棉布、麻布或毛毡制成，前后用整幅面料，在中央部位挖出圆孔，穿着时由头部套入，两侧用绳系住；晚期贯头衣，两侧会缝合起来，有的已经装上袖子，前后仍是用整幅面料，在衣领处切开一个口子，穿着时由头部套入。

贯头式属于原始类服装，与此相配的下衣是围裙（用树叶、兽皮、麻布等物围住腰臀部）、吊裙（身体前后各垂一片布）及兜裆布、护腿等。贯头式服装着装后，由于颈部为圆柱体，将领口撑开，平直的肩部翻折线平行向两肩移动，使得前后衣片分别向前中线和背中线倾斜，面料的纱向也随之而变化，衣片的前后下摆向远离人体的方向外翘。现今南方少数民族中仍穿贯头衣的民族有黎族、白裤瑶、苗族、仡佬族、门巴族、珞巴族等。

2.对襟式

对襟式服装相对贯头式服装已有进步，但仍比较原始。其样式是在上衣的前面中部开口，成为对襟式，无领，无扣，左右两襟用小绳系住。与对襟式相配的下衣是围裙、吊裙和护腿。对襟式服装在着装后，由于人体颈根部强行拉开了前衣片直线的领襟，使平直的肩袖线向后片倒去，衣身的整体向后滑动，即前襟上提，后襟下坠；同时，颈部周围的面料形成皱褶。少数民族服装中都有对襟式，比较典型的有花蓝瑶族、大花苗族、基诺族、壮族等。

3.斜襟式

斜襟式服装分为两种：一种是平铺左、右襟相对，但穿着方法为两襟相交、交叠，成为斜襟（如瑶族女子外衣）；另一种是门襟本为斜襟，是特意做成的形态（如哈尼族支系奕车女子外衣）。斜襟式服装在很多少数民族服装中都存在，其中比较典型的民族有苗族、瑶族、侗族、德昂族、哈尼族、京族等。

4.大襟式

大襟式服装通常为右衽，直腰或束腰，长袖，下摆呈弧形，其制作工艺已相当复杂，样式趋于成熟。大襟式服装由北方少数民族创造，随着北方民族入主中原而流行于中原地区，其保暖性能优于对襟式。南方少数民族穿圆领大襟式服装是在清朝"改土归流"之后才兴起。此式服装南北有别，北方及高原地区多为长袍，南方多为短衣，领式也有立领和无领之分。与此式上衣相配的下衣是中式便裤和筒裙。穿大襟式的民族有蒙古族、拉祜族、纳西族、彝族、普米族、壮族、苗族、布依族、裕固族等。

（五）民族服饰的材质符号特征

我国少数民族由于各自历史、地理、政治、经济等诸多原因，社会形态的发展极不平衡，其服制相应地反映出各民族历史的层次性和生产力发展水平，这种由不同的社会形态带来的服制特征至今仍影响着民族服装的形制。处于发达文化阶段的民族，服装趋向于精美，用绸缎、细布、呢料、裘皮等材料制作，形制比较复杂；处于原始文化阶段的民族，服装形制原始，材料多为家织的棉布、麻布或树皮及动物皮毛等。

不同民族的人由于居住环境的不同，服饰材料主要来自山乡特产，所以显露出服饰材料的多重性。在服饰原料上，畜牧民族多偏重牲畜的毛皮，以皮毛、毡、锦缎为主；渔猎民族则多尚狍皮、鹿皮和鱼皮；农耕民族则喜欢用棉布、麻布和丝绸。例如，赫哲族的鱼皮衣、鄂伦春族的兽皮袍、布依族的蜡染布、侗族的"亮布"、维吾尔族的"艾得丽丝绸"、土家族的"西兰普卡"织锦都是极富特色的少数民族服饰材料。

二、民族服饰造型结构特点

民族服饰的造型结构各具特征，既凝聚着本民族生活习性、地域环境特点及喜闻乐见的艺术形式，又蕴藏着丰富的创作经验和工艺技巧。在以时尚观念为主导，以变化为主旋律的当今，时装鲜明地体现着时代风貌和人们的意愿，时装与人们的身心紧密相连成为日常生活中的重要组成部分。设计师必须了解时代风貌影响下人们的兴趣、爱好，引导人们的生活方式和需求，将这个前提下的民族服饰语言作为设计灵感之一，并赋予其新的文化内涵，创作出符合潮流、带有人文关怀、具有个性特色的作品。对民族服饰造型结构方面的借鉴，可以从两个层面入手：一是服装外轮廓的启发，掌握民族服饰造型的创作经验和技巧；二是服装内部构造方法的局部借鉴，可以借鉴某个内部构造细节、某个局部的服饰图案，或者一种色彩关系的启发，或者对民族传统材料的时尚运用等，但一定要抓住典型特征，并结合当今流行趋势，把民族服饰以分解重构的方法进行再设计，才能创作出既具有时代风貌又含有民族神韵的优秀作品。

（一）民族服饰外轮廓特点

服装的外轮廓即廓型，是最先进入视觉的因素之一，服装的廓型常被作为描述一个时代服装潮流的主要因素。中国古典哲学"天人合一"思想造就了中国宽衣博带的服装样式，使人与衣之间存在足够的空间，如中国传统服装以 H 型、A 型轮廓为主，变化不大，具体到服装款式上，主要有对襟、大襟、斜襟式上衣及袍衫和便裤之分。北方各少数民族的服装形制比较统一，多身着宽大厚实的长袍，长衣盛饰是北方各少数民族服饰的特色。南方各少数民族的服饰是多样化的，服装多为上衣下裙，但其服装的形制变化极其丰富。各民族服饰精彩纷呈、风格各异：藏族的服装长及脚面，黎族的衣裙则短小秀美，独龙族一条线毯包裹的服装形态简洁自如，傣族的筒裙婀娜多姿，苗族的衣裙式样繁多、绣工精湛。

（二）民族服饰内部结构特点

民族服饰在内部分割、局部构造、零部件的设计和使用形式上，如领形、口袋形、袖口等都具有不同的特点，都可以启发设计师.并将其合理借鉴，有机地运用到服饰设计中。

1.平面结构

中国各民族的服装均属于平面结构，这主要来自我国传统文化中天圆地方学说的影响。天圆地方历来为民间风俗等所尊奉，显示在服装观念上就是将整幅的布简单裁剪形成宽松疏朗的形制结构，这种平面式结构形态的服装，通常更注重图案纹样、刺绣等装饰手段。另外，各民族基本遵从上衣下裳的服制，上衣下裳为我国古代最基本的服饰形制，是我国古代的一种服饰制度。

2.层次丰富

民族服装的构造层次感强是其内部结构特点之一，这可从两个方面来理解：第一，服装局部形式的多层次效果，是指服装中个别部位的多层感；第二，服装的内外多层的效果，是指服装的里层和外层共同组成服装的外观效果，里层外露，各层的边沿线不一定等长，从而使服装体现出更丰富的变化。民族服装中，内、外两层甚至三四层的组合关系较多，有露出各层下摆、门襟的多层裙、多层衣打扮，也有裤子外穿裙子、裙子外围围腰、围腰外再加一层短围腰的打扮，真可谓层次丰富。

3.比例考究

肩、绑腿、戴头等几个组成部分的大小、长短有一定的数量关系，这个数量关系就是比例，一般用来表示部分与部分或部分与整体的数量关系。各民族在长期生活的地区形成了各自的比例观念，无论是黄金分割比例、传统的等分比例，都是和各民族自己的审美相互联系在一起，能引起视觉上的愉悦，而且在功能上能起到平衡的作用。我们可以从民族服装的上衣下裳、袍衫等长短关系中发现一些比例美。

4.开衩巧妙

有些民族服饰，无论是上衣还是下装都有开衩的设计，并在开衩部位做装饰，既美观又起到加固保护开衩的功能。例如，云南麻栗坡壮族侬支系短款上衣，侧面开衩结构，为了便于多层裙的穿着，上衣两侧开衩，并在开衩前后片的地方装饰着三道红、绿、蓝缝线，并加了一厘米宽的花边等图案，既美观又结实。

5.折褶多样

民族服装中折褶的构造方法多出现在裙子和披风上，可分为有规律的褶和无规律的褶、死褶和活褶、碎褶和大褶。可根据折褶的大小、疏密、走向来烘托款式造型，突出人体曲线美。折褶的制作手段多样，往往采用立体的裁剪方法，以圆款式居多。例如，四川凉山彝族的擦尔瓦，意为"披毡"，用羊毛编织或编制成，有较好的保温避水性能。擦尔瓦无领无袖，像一口钟，颜色多为深色，彝族男女老少都爱穿，终年不离身，夜间用它作被盖，无论在家居住，还是野外宿营，均可席地而铺，裹着睡觉。擦尔瓦有大折和小折、有流苏和无流苏之分。苗族、瑶族的多褶裙都是小褶，也称百褶裙，是先绣上图案或用染色染花处理好后，再进行抽褶的处理。

6.边缘装饰

指领部、袖口、口袋边、裤脚管、肩、袖、侧面、下摆、开衩等部位的装饰。少数民族群众十分擅长在服装的边缘装饰各式图案，因领部、肩部、前襟处位于服饰的上半部，在这些部位做装饰可以在视觉上造成一种上升的感觉。

在服装设计中，领部和前襟是最引人注目的部位。前襟在造型上有对襟、大襟、斜襟之说。领型有立领、无领之别，此处因是服装的主体部位，所以图案应用广泛且颇为讲究，而且常与袖口、下摆边等处协调、相互呼应，具有文静、端庄、秀丽的特点，如在肩部装饰图案能强调肩的结构和分量，具有高耸、扩张和力度感。衣服或裙子的下摆及裤脚管等处均属服饰的下半部，往往会给人以下沉感，如在此处装饰图案，能增强稳健和安定感，并且起到界定和提示服饰边缘、强调款式的作用。

三、民族服饰色彩与材料的启发

（一）民族服饰色彩的启发

民族服饰的绚丽有很大一部分在于其颜色，除了本民族的宗教信仰、图腾崇拜所形成的特殊好恶外，少数民族传统服饰在用色上基本没有什么禁忌。在这里，色彩的三属性、色相环、色立体与色彩的冷暖都不再重要，重要的是要达到设计者所认为的"美"。许多少数民族的传统服饰在用色上都非常大胆，明亮、艳丽和浓烈，甚至是多个或多组高纯度的组合，这样的组合给人们带来了独特的视觉冲击力，成为一种风味独特的美丽。

1.清丽明快的民族服饰色彩

此类服饰色彩的风格特点是以浅色为主，用色既鲜艳明丽又飘逸轻快，给人清雅悦目的感觉，如朝鲜族、傣族、白族等民族的服饰色彩具有这种特点。朝鲜族妇女的服饰款式为上短下长的捏褶长裙，裙子的造型上紧下松，通体多为白色，采用彩色系带作为装饰，布料轻盈，别有一番飘逸的韵味。除了白色，朝鲜族妇女的裙子还采用淡粉、浅绿、天蓝等浅色调，非常秀丽。

傣族妇女的服饰因地域不同而有所差别，西双版纳地区的妇女上穿白色或淡绿色短衫，下着各种颜色筒裙；盈江等地未婚女子上穿白色、浅蓝色对襟短衫，下着黑色长裤。总体来讲，妇女的紧身短衫多以白、浅粉、天蓝、浅绿等色为主，下面的长筒裙多为大红、墨绿、紫红等深色调，并配有色彩鲜艳的花卉图案，上衣清雅、下裙艳丽，具有较强的视觉冲击力和美感。傣族服饰中最具民族特色的服饰要数孔雀羽毛图案的筒裙了，有以粉红和石绿搭配的粉色系列和以群青、普蓝与石绿搭配的蓝色系列，通体呈上浅下深的渐变色彩，再配以浅色的短上衣，非常明丽可人，如此清丽明快的配色特点被设计师们广泛应用于现代服饰设计中。

2.朴素深沉的民族服饰色彩

在我国，以黑、蓝等朴素深沉的颜色作为本民族服饰主要用色的民族非常多，比较典型的是壮族的服饰。壮族男女服饰均以黑、蓝两色作为服装的主要用色，妇女一般穿黑色镶边衣裤，黑裤子镶蓝布边，蓝裤子镶黑布边，并用黑、蓝、白三色布包头。广西地区的黑衣壮族妇女服饰完全以黑色为主色，上穿黑色布褂，下穿黑色宽脚裤，头戴黑布包头巾，有一种简洁到极致的朴素美。

拉祜族源于甘肃、青海一带的古氐羌人，早期过着游牧生活，后来逐渐南迁，最终定居于澜沧江流域。其服饰也反映了这种历史和文化的变迁，既具有早期北方游牧文化的特征，也体现了近现代南方农耕文化的风格和特点。男子普遍上穿黑色无领短衣，内套浅色或白色衬衣，下穿肥大的长裤，头缠长巾或戴瓜皮式小帽。妇女服饰各地不同，主要有两种类型：一种是头缠长巾，身着大襟袍式长衫，长衫两侧开衩很高。衣襟上嵌有银泡或银牌，襟边、袖口及衩口处镶饰彩色几何纹布条或各色布块，下穿长裤。有些地区的妇女还喜欢腰扎彩带。这一类型较多地保留了北方民族袍服的特点。另一种是典型的南方民族的装束，上着窄袖短衣，下穿筒裙。因拉祜族崇尚黑色，以黑色为美，所以服装大都以黑布为底，用彩线或彩布条、布块镶绣各种花纹图案。整个色彩既深沉而又对比鲜明，给人以无限的美感。

3.艳丽庄重的民族服饰色彩

这种色彩风格的特点是颜色运用多且鲜艳，以红、蓝、绿、紫等饱和度非常高的颜色为主，并且色彩之间的对比非常强烈，给人一种鲜明的视觉冲击，非常具有地域特色和民族特色，比较典型的有蒙古族、苗族、土族和畲族等民族的服饰。

土族女子服饰的色彩更加丰富，色彩斑斓浓烈，给人很强的视觉冲击力，有"穿彩虹花袖衫的人"的美誉。她们的传统服饰为斜襟袄，最具特色的是其袖子"彩虹花袖"，即用红、黄、蓝、白、黑五色彩绸或彩布拼接而成。彩虹花袖衫外罩坎肩，多为蓝色，并以紫红和黑色镶边，下穿镶有白色镶边的大红百褶裙或拼贴黑、蓝、红布料的裤子，色彩浓艳。

畲族服装以黑、蓝、绿等色为主，福建霞浦的畲族在领口、前襟等处镶有红布边，在衣领上绣有红、黄、绿等对比强烈的花纹。贵州麻江地区的畲族妇女服饰更加艳丽，以桃红、绿、蓝为主色调，并在衣领、袖口等处加饰水红、淡绿镶边或红绿相间镶边的款式，华美异常。

（二）民族服饰材料的启发

材料是服饰的载体，是时尚开始的地方，没有了材料，款式、色彩、质地将无从谈起。在个性化时代的今天，随着艺术思潮的更新发展，服饰材料上的表现为多强调肌理、分解与重构，强调表面装饰和质感的多变，注重对民族传统的吸收和利用。多变的服饰材料在时装上的合理应用，成为发展的必然趋势。

我国少数民族服饰材料千变万化，既有与世界各地相同的特性，也有自己独创的风格。他们在科技不发达的条件下，采集棉、麻、丝、毛等天然纤维，几乎包罗了自然界所有可用之物，运用多种工艺手段，创造了丰富多彩的服饰材料。少数民族地区的人们喜爱自己织布、染布，使用传统的染料，沿用传统的染织方法，染出的织物至今仍保留着纯朴的艺术风格，尤以印染、织锦、刺绣、镶嵌为代表。这些无限变化的纹样、色彩、制作工艺处处体现着劳动人民的勤劳与智慧。

1.民族服饰材料的复制型设计

复制型设计是设计师对民族服饰的怀旧与复古，在设计中大量地保留和运用某一民族服饰传统材料，甚至装饰的位置、图案、色彩等都不加以改变，追求原汁原味的感觉，具有原生态的味道。在运用此方法进行设计时必须了解该民族的文化艺术、宗教信仰、生活习惯等相关知识，只有这样才能较好地把握住民族的韵味，或粗犷，或华丽，或古朴，完成民族服饰材料与现代服饰设计的碰撞。

2.民族服饰材料的转移型设计

转移型设计，是设计师提取某一民族服饰材料的一部分与其他民族元素相结合或与现代设计元素相融合，这时该材料虽已融进整体时装设计风格之中，但其纹样、色彩、材质、肌理仍保持着明显的民族性。换句话说，此类时装是在现代设计中巧妙地运用了民族服饰材料，并将它按设计者的要求转移并融合在时装设计之中，赋予民族材料、民族元素以现代感。

3.民族服饰材料的创新设计

材料的创新设计增加了服装材料的无限性。材料美是时装美的重要因素，把握民族服饰材料的特点，增强时装材料设计的多元性，时装设计师以各民族服饰材料的图案、色彩、质地、肌理等元素为灵感，融入丰富的想象力，创造出独特的新材料。也可利用高科技手段发展原有的工艺，如新型的扎染、蜡染，图案和颜色都增加了许多变化，不仅可印在棉、麻、丝材料上，也可以在皮革上印染。或者工艺不变但表现手法和使用的材料种类有所增加与改变。如采用刺绣的方式，刺绣的针法现在有几十种之多，使用的线有棉线、丝线、毛线等，还可以采用镶嵌和缀饰的工艺手法，所用的材料从木珠、羽毛、银饰等发展到现在的各种材料。

四、民族服饰图案的运用

图案装饰是人类美化自身的最初动机和主要手段，其发展也随着社会进步以及人们对美的追求的变化而发生改变，通过印、染、绣、织等工艺手段来实现。服饰图案鲜明地体现着时代的意识和人们的意愿。今天的时装文化更趋于丰富多彩，图案设计风格多样化。当今服饰图案设计更注重对新材料、新技术、新功能的研究，在设计中强调个性的同时更加强调人情味，主张异形、多变，其风格趋于大方、整体、简洁、单纯，突出材料、技术、功能、结构的完美统一。

（一）民族服饰中具象图案的运用

1.民族服饰中花卉图案的运用

花卉图案在少数民族服饰中，装饰对象十分宽泛，没有特殊限制，具有广泛的适应性。衣边、领角、下摆、前胸均装饰有不同风格的图案，无论是单独装饰，还是连缀铺开，均可由设计者自行组合。从便装到盛装，从上衣到长裙，从鞋帽手套到金银挂饰，随处都能发现优美的花卉图案。另外，由于少数民族服饰材料大多为经纬结构，其组织结构对花卉图案的体现具有极好的适应性，这也是花卉图案在少数民族服饰图案中占有重要地位的因素之一。

少数民族服饰图案中花卉种类非常丰富，有荷花、石榴、牡丹、桃花、菊花、杜鹃等，其花卉图案的形象或写实，或抽象，装饰部位也丰富多样，一般有花卉图案整体应用、花卉纹样边角图案应用、花卉图案边饰应用、花卉图案腰部应用。

2.民族服饰中动物图案的运用

设计者通过形象思维将自然形态的动物通过设计、加工、提炼变为艺术形象，是客观艺术的再创造。由于大多数少数民族都有图腾崇拜的宗教信仰和习俗，图案往往带有民族感情色彩，所以在少数民族服饰图案中，动物图案的应用十分广泛，种类繁多，有现实中存在的，也有传说中的龙、凤等吉祥动物。常用图案，兽类有老虎、大象、狮子、鹿、猴、野猪等；鸟类有锦鸡、燕子、鸳鸯、喜鹊、孔雀、鹦鹉、麻雀等；爬行类有蛇、乌龟等；鱼类有鲤鱼、龙眼鱼、团鱼等；昆虫类有蝴蝶、蜘蛛、蚂蚁等，如此种类繁多的动物反映在少数民族服饰图案艺术中，产生了丰富多彩的动物图案。因为动物图案不适宜做随意的分解组合设计，所以动物形象往往是以全身或头部的完整形态来表现的，如虎纹、蝴蝶纹或龙凤纹等纹样由于其具有美好的寓意，所以被广泛应用。

3.民族服饰中人物图案的运用

人物形象在服饰图案中的出现极为频繁、多样。人物图案在民族服饰中也经常见到，其装饰部位比较灵活，组织形式十分多样，有单独式也有连续式。题材多取材于神话故事及现实生活场景。少数民族服饰图案中人物造型的艺术手法十分多样：有的将人物简化到单纯的剪影或几根线条；有的繁复到不仅在人物本身而且连服装佩饰都大做文章以求丰富华丽；有的则竭力夸张变形，追求趣味简化，组合、夸张、添加、分解、重构、变异等无所不有。人的衣着外形以及坐、卧、行、立等各种姿态，肢体或局部的剪影或变形等都是少数民族服饰图案中常见的人物形象。如拉祜族的"巴掌纹"，彝族、哈尼族的"眼睛纹"等。

4.民族服饰中景物图案的运用

景物图案在少数民族服饰上的应用也较多。由于景物图案所涵盖的内容复杂多样，如日、月、星、云、虹、水、河、山、石等，而服饰这一特定装饰对象又不可能也不允许包罗万象的什么都表现，所以服饰中的景物图案大多是将客观世界复杂的景象进行有目的的高度提炼、归纳和重新组织，使得景物图案十分恰当贴切地出现在服饰上。一些少数民族服饰图案中的条纹、曲线纹、几何纹常有天、地、水的象征含义。例如，景颇族筒裙腰部和下脚边的净色块面（有时为折线纹或波浪纹）即代表着天和地，而人在天地之间。

基诺族传统男子服饰，上衣为无领对襟白花格小褂，背上有六寸见方的彩绣图案，有的像太阳，有的似兽形，称为"太阳纹"或"孔明印"。这一类的案例还包括纳西族女子服饰后背的"背带七星"披背。

5.民族服饰中人造器物图案的运用

人造器物图案在民族服饰中也经常可见，主要取材于现实生产生活中的用具。

日用器皿、房屋、龙舟以及生产工具等，取材范围广泛。例如，白族、彝族、纳西族织绣图案中有木舟、房舍、拱桥、亭阁等形象，苗族服饰颈部后方绣制有城墙、道路、房子、水井等形象，而如箭、弩、锄、纺车、篱笆、渔网、酒桶、如意、棋盘等劳动工具和生活用品则流行于各少数民族服饰图案中，只是相互间略有差异。人造器物图案在少数民族服饰上除单独使用外，还常与文字图案、抽象图案等以组合形式出现。

6.民族服饰中文字图案的运用

文字图案在少数民族服饰中应用得十分广泛，其中卐字、十字、人字纹样应用较多，寿字其次。例如，在藏族服饰中，卐字常与月纹、火纹连用，或是作为一种单独的装饰纹样绣在围巾和衣饰上。十字纹样是代表太阳的文字符号，常见于藏族藏靴以及各少数民族的织锦中。景颇族、阿昌族、彝族、傣族挎包上都会见到十字、人字、吉祥文字纹样。

（二）民族服饰中抽象图案的运用

几何形服饰图案历史非常久远，每个少数民族都赋予它不同的特点和风貌，包含着古老的文化内涵和浓厚的原始造型意识，洋溢着浓郁的历史氛围，已经成为一种约定俗成的程式化符号，绘制在服饰上，代代相传。几何形图案的特点主要是单纯、简洁、明了、严格的规律性以及强烈的视觉冲击力。例如，苗族的裙子上的彩色条纹代表江河，裙基纹代表苗家故居，点套纹代表灌渠，重叠纹代表群山，吊旗上的菱形纹代表田园。类似的抽象纹样在少数民族服饰图案中还有很多，如圆点纹、月亮纹、羊角纹、鸟纹、水波纹、云雷纹、回形纹、三角纹等。

（三）民族服饰中随意图案的运用

随意图案是一种非常自由的抽象类图案，它对于客观事物的表现，不拘泥于客观的真实性，而是以一种主观的、随意的创造来表达设计者对客观事物的主观态度，其特点是不仅图案形象本身似信手涂来，而且在服装上的装饰部位也无任何法度和规律。

创作者把自己挚爱的物象情感化，表现了创作者的审美感受，同时又符合群体的审美心理特征。这种创作方式，真正达到了天地与我并生，万物与我为一的艺术境界。无论是民族服饰，还是现代时装设计中的随意图案造型，都是一种抽象的创作，是以创作者的感情心理意向为基点的，表现的是主观的真实性，追求情感意义，而非注重形象。其造型方法包括以下两种：

第一，随意图案没有原型作为基础。

第二，塑造形象时先根据创作者的意图，将具体的现实原型分解、拆散，然后抽取所需部分进行变化组合，塑造出抽象形象。

这两类作品共同表现出或漫不经心，或即兴发挥，或简朴，或随意，或奇异，或洒脱的风格。不同的空间、时间的所有事物，在创作者眼中，都可以表现在同一个画面之中。例如，苗族刺绣图案中有三只脚的野猪，有带凤凰尾巴的乌龟，有不同季节开放的花朵、有长着两只眼睛的人物侧面及动植物合成一体等。

（四）民族服饰中肌理图案的运用

肌理图案是指通过对衣料的再加工处理，创造出一种富有新的视觉、触觉变化的装饰形式。少数民族群众十分善于运用肌理图案，例如，苗族的堆绣、拉祜族妇女衣领和开衩两边的彩色几何纹饰通过拼合缝缀来形成表面凹凸的肌理质感；云南白保彝族喜爱用银牌、铸币、珠串、蜡染面料组合进行装饰，强调不同材质的对比，创造出新颖的肌理图案；苗族、布依族、彝族、壮族、傣族、普米族等少数民族妇女的百褶裙，通过面料的表面改造形成褶裥的肌理效果。

五、民族服饰工艺技术的借鉴

合理运用民族服饰工艺技术，在现代服装设计中是一个重要环节，也为设计师提供了广阔的创作源泉。设计师在设计的初期阶段，在考虑形的塑造、色的选择、材质的确定时，必须要考虑到制作工艺。了解掌握各种工艺表现的特点与规律，有助于开拓设计者的设计思路，更好地驾驭设计方法，从而加强服饰设计的表现力和艺术感染力。少数民族服饰工艺制作形式多样、手段丰富，下面对常用的工艺形式类型分别加以介绍。

（一）拼接与褶皱

1.拼接

拼接是利用多种不同色彩、不同图案、不同肌理的材料拼接成服装，或是采用同种材料裁开再进行拼接设计，形成一种独特的装饰效果。我国古代已有类似的设计，如明代的"水田衣"就是由各种零碎面料镶拼而成的，整件服装织料色彩互相交错，形似水田，因而得名，具有其他服饰所无法具备的特殊效果，简单而别致。拼接可以是平接，也可以在接缝处有意作凹或凸的处理，如云南白族支系巴尼人妇女服饰，上衣领子处镶拼花边为饰，左右肩部镶拼黑色、绿色条布，襟边处则镶拼蓝色、白色、红色、绿色条布，袖管处也镶拼绿色、黑色、红色的横条布作为装饰，在围腰处用七色彩条布拼花，装饰效果强烈而独特。

由于拼接所用原材料的性能和制作方法不同，会形成不同的肌理效果，增加了装饰的趣味性和艺术感染力。现代时装设计中，利用多种材料进行拼接装饰，是常用的设计形式。

2.褶皱

褶皱指将服饰面料折叠或加皱后加以固定，形成规则或不规则的褶皱、纹路，从而起到装饰的作用。在特别注重肌理效果的少数民族服饰中，褶皱的运用十分常见。例如，彝族、傈僳族、苗族、布依族、壮族、普米族的百褶裙，裙幅很宽，缝时需折叠成褶，褶裙上端褶皱美观，下摆伸缩自如，便于行动。有的少数民族还会在百褶裙上镶饰花边，行走时摇曳摆动，还有的少数民族裙料用蓝底白花的蜡染花布制成，如苗族、布依族等。

现代时装设计师也颇为关注服饰面料的褶皱效果，采用各种手法或缝制，或高温加压，制成装饰褶皱，追求特殊面料的肌理效果。

（二）防染印花

防染印花是在染色的过程中，通过防染手段来显现花纹的一种工艺表现方式，常见的有浆染、蜡染、扎染和夹染。这些工艺在我国有着悠久的历史，在少数民族服饰制作中也十分常见，作为一种单纯、明朗、质朴又很有特色的装饰受到人们的喜爱。现代服饰设计中利用这种方法的作品随处可见。

1.夹染

夹染又称夹缬，工艺最早出现在唐代丝织品上，其方法是先用豆面和石灰浆制成防染剂，透过雕花版的漏孔，刮印在土布上，起到防染作用，然后以靛蓝为染剂进行染色，最后除去防染剂形成花纹。由于织物纤维吸收染色液多少不一，形成深浅不一，青白相间的花纹。由于雕版和工艺制作的限制，蓝印花布的图案形象多以点来表现，这也形成了它独有的特色，花布有蓝底白花和白底蓝花两种。还有瑶族的蓝靛印染和傣族的彩色印花，都是颇具民族特色的夹染工艺。在现代服装设计中，采用夹染工艺设计的服装不仅带有质朴之感，而且具有很强的民族风格。

2.蜡染

蜡染，也称"蜡缬"，以蜡作为防染材料，是我国古代优秀的防染印花工艺之一。蜡染始于秦汉时期，其制作是将融化的石蜡或蜂蜡等作为防染剂，用蜡刀蘸取蜡液涂绘在布料上，待蜡液冷却后，浸入冷染液浸泡数分钟，染好后再以沸水将蜡脱去，除蜡后未被染色的部分就显现出布基的本色，从而形成一种特殊的图案纹理——冰裂纹。这是由于蜡冷却后碰折就会形成许多裂纹，染后这种自然、美丽的裂纹便能够清晰显现出来，成为具有特殊韵味的一种装饰。蜡染有单色和复色两种，复色蜡染用多种染料相互浸染，会产生五彩缤纷的色彩效果。蜡染图案既可以刻画得十分严谨精细，也可以粗犷、奔放，表现形式丰富而自由。蜡染在少数民族中主要盛行于苗族、瑶族、布依族、仡佬族、壮族、水族、黎族等。蜡染是少数民族妇女美化服饰的主要装饰手段之一。她们将蜡染布做成花边，镶在袖子上、衣襟上和裤脚边缘，或做成装饰飘带用来束腰，还做成头帕、裙子、上衣、围腰、帽子等服饰品。

3.扎染

扎染古称扎缬、绞缬、夹缬和染缬，是中国民间传统而独特的染色工艺之一。扎染由"扎结"和"染色"两大块构成。"扎结"与"染色"相辅相成，其中"扎结"是扎染技艺的根本，决定了扎染纹样的结构。扎染的难点在于染色，染色过程蕴含着时间、温度、染料渗化率等众多不确定性因素，故民间有"三分扎结七分染色"之说，可见染色之难。

扎染的基本原理是通过缝制或捆扎布料来达到防染目的。先将布料按照创作意图进行精心缝制、扎结，然后将扎结好的布料投入染液煮沸，取出布料后拆掉绳线，即可得到变化丰富的花纹。由于染液的渗透性和缝制、捆扎的松紧和密度不可能完全一致，染液的渗透不匀，自然形成由浅到深的色晕，使得扎染图案时常看上去虚幻朦胧。扎染图案的最大特征在于水色推晕，呈现出捆扎斑纹的自然意趣和水色迷蒙的特殊效果，这是其他印染方法难以达到的。

扎染的方法有自由扎结法、折叠扎结法、线缝扎结法、综合扎结法。常用染料有直接染料、酸性染料、活性染料、纳夫托染料。

（三）刺绣与编结

1.刺绣

刺绣又名"针绣""扎花"，俗称"绣花"。刺绣是一种历史悠久，在民族服饰中应用广泛，表现形式十分丰富的装饰手段。刺绣通常要参照设计的花样，在织物上刺缀运针，以绣迹构成纹样。刺绣是兼具观赏性与实用性的工艺形式，绣品不仅图案精美，具有极高的装饰价值，其反复的绣缀工艺还能够增加衣物的耐磨度。少数民族的刺绣承载着厚重的传统文化与民族精神，是中国农耕文化的产物。少数民族刺绣一般都是自画自绣，或是用民间剪纸作为刺绣图案。在服饰上，刺绣的部位主要集中在领口、衣襟边缘、袖口以及肚兜、腰带、帽子、靴子等处。少数民族服饰中刺绣工艺的手法非常丰富，常用的有平绣、挑花、锁绣、堆花、贴布、打籽绣、裂线绣、钉线绣、辫绣、缎绣、锡兰绣、马尾绣等，其使用的针法技巧有跨针、套针、圈针、偷针、插针、捆针、洒针以及单针锁等。使用不同的绣法和不同的针法，会形成不同的风格。

2.编结

编织是以绳带为材料，编结成花结钉缝在衣物上或将绳带直接在衣物上盘绕出花形进行缝制，这种装饰形象略微凸起，具有类似浮雕的效果。编结盘绕工艺难度较大，要做得平整不太容易，需要一定的技巧，同时还应根据款式及人体结构的需要来设计编结盘绕的图案。编结艺术在藏族服饰中主要体现在服装与配饰的缠绕、串接与组合上。

（四）织锦与补花

1.织锦

织锦是由两种或两种以上彩色丝线提花织成的织物，少数民族织锦代表着少数民族人民的智慧与技艺，也体现了他们真挚的情感。织锦图案因其织造工艺的原因，决定了坐标纵横的向度只能是直线发展，这就使其具有几何形的简化物象特征。少数民族织锦多以彩色棉线织造，代表有苗锦、壮锦、瑶锦、侗锦、傣锦、布依锦、土家锦、阿昌锦等，都因色彩丰富、厚重秀丽而盛行不衰。除此之外，还有许多其他少数民族如黎族、藏族等也都十分擅长织锦。少数民族织锦风格古朴，色彩鲜艳明快，具有浓郁的民族特色。其纹样多为几何形骨架，图案多为变形的动物、植物等。

2.补花

补花就是根据设计要求把裁剪成型的材料缝补在服饰材料表面，现存最早的补花是长沙马王堆一号汉墓出土的羽毛贴花绢。贴花则是以特殊的黏合剂将裁剪成型的材料粘贴固定在服饰材料表面。浮雕感是补花、贴花的主要特点，由于剪贴图具有很强的观赏性，少数民族服饰用品常用这种工艺。补花、贴花适合于面积稍大、形象较为整体、简洁的图案，而且尽量在用料的色彩、质感肌理、装饰纹样上与衣物形成对比，在其边缘还可做打齐或拉毛等处理。另外，补花还可在针脚的变换、线的颜色和粗细选择上做文章，以增强其装饰感。

六、民族服饰配饰语言

配饰指除去上衣与下装之外的所有饰物，如头饰、腰带、鞋靴、手套、包等。从某种层面上来讲，配饰更能体现民族服饰的特色和本民族的历史与传承。

（一）民族服饰中上身常用配饰

1.头饰

注重头部的装饰是各少数民族一贯的传统，头饰是少数民族服饰中精彩的亮点之一。因地域和气候的关系，少数民族头部装饰类型众多，有头巾、头帕、各式帽子以及引人入胜的各种发型等。头巾、头帕上多饰有精美的图案且色彩艳丽，具有极大的借鉴价值。头巾、头帕有大有小，有长有短，形式灵活，花色各异，为各民族的服饰增色不少，也为当今设计师提供了丰富的灵感来源。苗族、侗族的帽饰，藏族的巴珠，瑶族的盖头巾，维吾尔族的花帽等，头饰精美，呈现出民族服饰亮丽的一面。

苗族妇女的头饰或许是少数民族中最为精致、漂亮的了。苗族妇女的头饰是由银珠和银片组成的银冠，苗族对牛的崇拜也可以从她们的头饰上体现出来。她们总是在银冠上加一对连在一起的银牛角，呈"U"形，两只牛角上各画上一只威风凛凛的巨龙，龙头向内，像二龙戏珠。这样一顶美丽的银角冠戴在头上，不仅衬托出苗族妇女的艳丽，也是一种财富的象征。

少数民族头饰，除包头缠帕、戴帽外，还有多种多样的发型和装饰物。装饰的形式有簪、钗、圈、箍、梳、珠、扣、泡、牌等，十分丰富。而各少数民族喜用的耳坠、耳环、项圈也构成头饰的组成部分，类型繁多，装饰手法和材料也风格多样，都是其民族历史文化的沉淀，闪烁着人类智慧的光彩。

2.项饰与胸饰

项圈、项链与项坠是各少数民族较为常见的项饰。项圈的式样很多，多为实心，有四棱、六棱等，呈缠绕状，项圈上一般不缀东西。此外还有扁片状，呈弧形，下缀银链、银铃或银叶等装饰物。还有就是普通的圆环。项链的做工一般都很精致，有粗有细，很多还会挂着银锁等装饰物；链条短的到胸部位置，长的可以垂到腹部。链条环环相扣，或几个环相交成一个粗的再环环相扣。

（二）民族服饰中腰部常用配饰

1.包饰

包具有实用与装饰的双重功能，在服饰中属于重要的饰品，有些少数民族服饰只有配上包才算完整。挎包是对各少数民族包的总称，主要有挎包、挂包、背袋、筒帕、手袋、香包、花包等。挎包是一种实用的服饰工艺品，是少数民族群众身上重要的饰物，是整套服饰中重要的一块，也是集中体现装饰图案艺术的重要部分。

背袋流行于云南澜沧的拉祜族地区，男女皆用。拉祜族背袋用红色粗布做料，包面上半部镶缀有彩带，用各色花布缝制或镶饰，其图纹多是几何形或锯齿形。包面下半部绣有瓣状的花朵、十字纹、人字纹等刺绣图案，朴素大方。背带用粗彩线编织和缝制，缝在背袋的两边，直达底边，并有连接背带的彩色线穗作装饰。

荷包香囊是满族传统的服饰工艺品，有许多种形状，通常上有带，下有穗。上面装饰的图案除了福禄寿喜字和莲花、法螺外，还会装饰借谐音寓意的"凤穿牡丹""万事如意""五福捧寿""连年有余"等。

2.手饰

手饰主要有戒指、手镯、珠串等。许多民族都戴手饰，且以妇女为多，是民族服饰的一个重要组成部分。多数民族及分支的手饰款式统一，妇孺老少皆然。手饰有空心筒状型、绞丝型、编丝型、浮雕型、镂空型、镂花型、焊花型等。不同类型及风格的手饰反映出不同民族及分支的审美差异。风格粗犷的手饰光面无纹，硕大沉重；风格细腻的手饰则用极细的银丝编织或焊成空花，工艺精致。浮雕型手饰以连续花枝纹或龙纹居多。龙纹手饰双龙盘旋，龙眼凸出，生动夸张。焊花型手饰以网状银丝为面，以乳钉为纹，极富民族色彩。

苗族手饰的佩戴方式极具特色。施洞苗族手饰不以一对为限，实际佩戴有时多达四五对。从江苗族则以五对为一套，排列于腕肘之间。苗族手饰以实心四棱、六棱或螺旋状造型较为多见，一般重量在 70～300 克。藏族的佛珠是宗教用具，是藏族人民日常生活中不可或缺的宗教物件，在某种程度上也可以说是一种信仰。

（三）民族服饰中下半部常用配饰

1.腰饰

少数民族的腰饰形形色色，并且各有千秋，常见的有围腰、腰带、彩带、腰箍等。围腰即围在衣裙前后的一方腰饰，是上下装相连接的过渡部分。腰饰按款式分，既有像维吾尔族人、哈萨克族人那样可以装带日用品的宽大腰带，也有像德昂族的腰箍等。按色彩图案分，有单色、彩色、绣花之别。按材料分，有绸带、布带、皮带以及金属带之别。藏族的腰饰是其中的典型之一，人们所熟知的藏族邦典由红、绿、黄、蓝、紫彩色混纺织物拼接而成，藏族腰带多为带有精雕细琢吉祥纹样的金属或皮革制品，并镶嵌彩色珠宝，可悬挂铃铛、刀子、钥匙等多种挂件。腰饰在少数民族妇女服饰中不仅有使用功能，而且有装饰作用，有的甚至成为她们身上最精美的装饰。

围腰的款式多种多样，花腰傣便以其围腰艳丽多彩而著称。花腰傣的围腰是一块上端两侧系带的黑色土布。上部用彩条装饰，下部约三分之一的面积绣满图案，四周也绣满花纹。彩条两端的绳带用于腰部的固定和系结，花围腰束在筒裙外面，围腰上面再束两条花腰带，穿着时一条比一条短，显露出层层花边，同时也增强了服装的层次感。腰带是女性点缀服装色彩，塑造形体美的一个重要物件。

在各种腰饰中，腰箍也是一些少数民族极具特色的装饰物。德昂族是戴腰箍最多的一个民族，德昂族已婚妇女的腰间缠绕有数十根红、黑两色的藤箍，或是红、黑、黄、绿彩色腰箍，且以缠绕的圈数越多越美。在德昂族群众看来，佩戴腰箍使妇女显得更美，同时也是一种传统习俗，不戴腰箍的妇女会被族人耻笑。未婚少女只能系自织的红腰带。德昂族女子是在成年后开始佩戴腰箍的，圈数从几圈、十几圈甚至数十圈。

少数民族的一套服饰，从上衣到裙、裤，从前身到后背，从胸前到腰间，从腰饰到绑腿，其款式、色彩、图案、装饰是一个有机的整体，缺少了某一个侧面或者是零部件，就有不平衡之感。因而，少数民族服饰重视腰饰，这也体现出协调整体化的美学原则。

2.鞋饰

我国少数民族的鞋靴样式丰富多彩，从种类上主要分为靴子和布鞋。北方、西北地区的许多少数民族，如蒙古族、鄂温克族、土族、裕固族、藏族、门巴族等都穿靴子。许多少数民族会在长筒靴上装饰各类图案，如藏族的皮底筒靴镶有宽边，鞋面用红绿相间的毛呢装饰。

我国少数民族穿得最多的还属布鞋，布鞋可分为一般布鞋和绣花鞋。绣花鞋是许多少数民族常穿的一类鞋子，一般用布和缎子制成，并用丝线绣上各种适合纹样，如花卉、鸟虫或其他几何图案等。绣花鞋是少数民族妇女心灵手巧的象征，不仅在她们的脚上发出美艳的光芒，更是她们审美追求和审美情趣的生动表现。少数民族妇女所穿用的绣花鞋可分为不同种类，如流行于大理白族聚居区的绣花鞋主要有船形绣花鞋、圆口绣花鞋、绣花凉鞋三种。另外在一般布鞋中，较有特色的应属满族传统女鞋——旗鞋，又称"花盆底"，除鞋帮处饰以蝉蝶等纹样或装饰片外，还会在木跟不着地的部分刺绣或加串珠作为装饰，有的鞋尖还饰有丝线编成的穗子，长可及地，颇具民族特色。

第二节　传统服饰应用设计与材料选择

一、设计构思及灵感来源

服饰品设计的构思是一种十分活跃的思维活动，构思通常要经过一段时间的思想酝酿才能逐渐形成，也可能由于某一方面的触发而瞬间激起灵感。自然界的花草虫鱼、高山流水，文艺领域的绘画雕塑、舞蹈音乐，以及民俗风情等社会生活中的一切，都可给设计者以无穷的创作灵感。新的材质也在不断涌现，不断丰富着设计师的表现风格。大千世界为服饰品设计构思提供了无限宽广的素材，设计师可以从过去、现在、未来的各个方面去挖掘题材，可以说世界上的任何事物都可以成为创意的灵感来源。

灵感的来源，一是可以继承传统装饰的精华并加以重新塑造，设计出新造型来；二是从各民族民间配饰中汲取灵感，将本民族风格与其他民族的风格融合起来而得到崭新的表现形式；三是从姐妹艺术中寻找启示，如绘画、音乐、舞蹈、建筑、陶瓷等；四是从美丽、神奇的大自然中获得图案创作的灵感，它是服饰品创作最广阔、最重要的源泉。从自然的山川景色、花草鱼虫到人造的各式风景、幻想出来的理想形象，无一不在服饰品中得到表现。

（一）捕捉自然界的神奇

从数千年前人类刚刚进行设计活动的最初阶段开始，人们就把来自大自然造型的形象作为设计的主体形式。人类对自然界的造型都表现出特有的敬畏感和万般呵护的意识，在我国古代，人们就把一些植物、动物奉为神的化身。所以，现代人把自然造型作为设计中的基础资料，既是因为崇尚大自然造型的完美，也是企图用人类特有的造型语言去诠释被神化了的大自然的内涵。人们把宗教文化、思想等作为依据，从中得到某种启示，把所提炼出来的"精神实质"作为设计的最基本理念，然后再用大自然的造型将它完美地表现出来。

古往今来，在中国传统文化里燕子被视为春天的使者，爱情的象征，古人借燕子抒发情怀，如"昔日王谢堂前燕，飞入寻常百姓家""无可奈何花落去，似曾相识燕归来"。设计师将传统寓意深重的"燕子"进行现代时尚化的创新设计，如"燕子"造型的胸针设计与"燕子"图案印花防水台高跟鞋的设计，融合了天真烂漫与活泼可爱，使整体造型更为跳跃灵动。

（二）从风格中获得灵感

在很长一段历史时期里，总是把自然造型作为设计源泉的人们，也逐渐开始尝试超越自然，并充分发挥人脑的作用，自由地展开联想。最初是从装饰艺术运动开始的，装饰艺术运动强调由人类自身创造出设计的主题，设计强调机能性和简洁性，使其成为一种有现代意识的造型。在建筑、装饰设计中大量汲取了装饰艺术中大胆夸张，强调机能性的设计。设计中重要的是把真实的、具体的形，转化为简单明了、抽象的形。真正的直线、圆、正多边形等简洁的图形，都是自然造型所不具备的。

（三）以几何廓形展开形象

几何廓形分为规则几何形和不规则几何形。规则几何形，形态简洁整齐、规则对称，是基本的或标准的几何形，如直线形和几何曲线形等；不规则几何形是不具有几何秩序的，外形呈不规则状的几何图形，如多边形、自由曲线形和偶然图形等。多边形呈不规则状的直线或曲线，具有简约干练的个性；自由曲线形的外形自由随意、活泼多变，具有柔软又优美的女性特征。由字母组成的抽象几何图形，或由数字组成的廓形，或由"美人鱼""钥匙""锁""水滴"等组成的廓形富有简约和多变的特点。简单的廓形能体现出珠宝配饰或首饰内在的高贵和精美，创意与制作工艺淋漓尽致地运用在首饰上，能较好地凸显珠宝首饰的艺术个性。因此，作为设计的前提因素之一，廓形具有极其重要的意义。

廓形是设计构思中极其重要的切入点之一，以廓形为基点，完成整个设计构想方案，也是常用的创作思维方法。这时，首先要把廓形的历史推移及流行倾向预测的信息情报同时输入大脑，在此基础上去设计属于未来的新设计及新廓形。

（四）摄取民族文化元素

随着社会的发展、历史的变迁，各民族一些特定的宗教文化也在不断地向其他地域渗透，各民族间的交流日趋频繁，或通婚，或引进其他民族和国家的服饰品，有关服饰方面的信息交流也日趋紧密及现代化，所以现在看到真正民族服饰的机会很少，只是从绘画、写真、美术馆、博物馆等的资料中或民族传统节日、仪式等场合才能够一睹为快。

但是，这些传统民族服装倍显珍贵，不只是因为它们是民族服装的历史再现，也不是单纯因为它们在新时代的时尚潮流中仍被使用，而是因为人们在寻找全新的设计理念过程中，它们往往会给人以新奇的刺激，因此成为孕育新设计的"摇篮"。历史的博大与精深能给人以丰富的联想，最容易让人找到超越时代的全新设计空间，可能这才是它们存在的真正价值。丝绸、陶瓷和漆器……充满浓郁东方风情的奇珍异宝从中国款款运抵欧洲，用东方的异域文化点亮了西方的创意风潮。

民族传统图案和一些典型的装饰在现代服饰设计中有非常重要的作用。受图腾崇拜的影响，他们通常所运用的图案也都跟他们所崇拜的事物有关。例如，云南纳西族妇女羊皮装以"披星戴月"的造型闻名遐迩。它表达了纳西族对日、月、星宿的崇拜，也表明纳西族妇女的勤劳，这些图案是她们的护身符；还有彝族服饰上绣的老虎斑纹，苗族妇女的头饰装扮成牛角形，傣族因为崇拜大象而在挂毯上绣大象的花纹。

"只有民族的，才是世界的"国际时装名都——巴黎、米兰、纽约、伦敦、东京，都是在本国独特的文化、历史、政治、经济的大背景下，用自己的民族文化奠定了成为国际时装之都的基础。我国有着丰厚的民族文化资源，要创建自己的国际时装之都，就必须用本民族的文化打造出具有中国特色的国际服饰品牌来展现自身的魅力。只有在现代服饰设计中保留和发扬民族精神和美学个性，在世界服装业竞争中保持独树一帜的自我形象，挖掘、整理、研究、弘扬我国传统民族服饰文化，从中汲取适应当今生活方式和国际时尚潮流的元素，在继承中求创新，将传统与现代相结合是新形势下实现我国民族服饰文化振兴和繁荣的出路。

除了民族文化外，特殊类型职业服饰装扮也可以获得饰品配件设计的灵感，如一些僧侣、军人、裁判官们穿用的服装能表现出威严和纪律的约束等独特的服饰表情；骑士服、飞行员服、小丑，圣诞老人的服装或是原创故事人物造型等，更是构思新颖、妙趣横生。这类特殊职业类型的服装与纯粹的民族服一样，都是饰品创作设计中启迪构思的珍贵灵感源泉，如将故事中的人物造型或角色设计制作成项链吊坠、包袋挂件等，市场的空间会随着故事的传播而无限扩大，产品的设计也将有无限的创作空间。

（五）采用材料特性联想

服饰品材料可以是金属、珠宝、各类纺织纤维制品等，从材料中获取灵感并进行服饰品设计也是常见的。蕾丝细致精巧的花纹给人细腻、温婉的感觉，再加上细细的、繁复的挑花，让人们爱不释手。而搭配宝石和水晶的洛可可式样，更是人们崇尚并追捧的时尚。在这个时尚风潮日新月异的年代，一成不变的东西必定会被淘汰。设计师们在蕾丝的运用上加入混纺材质和更为科学的花形设计，使过去容易变形、不易保存的蕾丝变得更加实用，而流行元素和混搭风格更使得蕾丝饰品重新登上了时尚舞台，并带着一股强劲的势头和一种脱胎换骨的时尚感征服了时尚潮人的心。蕾丝饰品不仅能够展示淑女造型来显示清新脱俗的美，而且也可以营造可爱及纯洁灵动的效果。

要从材料自身获得灵感进行服饰品创意的联想设计，必须要最大限度并有效地使用材料。设计时应从多方面去探寻、摸索适合的材料特性，并有效地运用材料自身的特性特点开发出材料使用的新方法，或者在塑料纤维制品、玻璃纤维制品、金属纤维制品、橡胶合成纤维制品等极少用于服饰品设计的材料中寻找闪光点，从中得到启发，并最终用于服饰品的创意设计。

（六）延伸机能性开联想

机能是指物的"作用"，作用发挥得好，则机能性高，机能性的高与低直接影响着款式造型的变化。在欧洲，从19世纪后半叶开始人们对于机能性的意识突然迅速提高，进入20世纪后很快就形成了追求机能性造型的热潮，从1920年开始的十几年中是"机能主义"造型的顶峰时期，即装饰艺术革命时代。服饰品同样也在追求机能性更高的设计，并从装饰过剩的设计逐渐转变为符合一定目的，具备结构、机能性美感的设计。

服饰品的机能性包括防护性、适应性、耐久性、标识性、礼仪性、装饰性等多种性能。简单地说，就是服饰品必须符合使用目的，并且穿戴要舒适。如运动鞋、网球帽、太阳镜、手套等，每种服饰品都有机能方面的不同要求，尤其是特种作业。

为了真正设计制作出性能优良的服饰品，首先设计师需要与其他科学领域的学者共同搭建一支优良的合作团队，从高科技中研究开发新型的材料，并且在服装构成过程中科学合理地运用人体工程学原理，兼顾更多的其他学科，全面考究。这时，对一个设计师而言，必须具备的就是极其严谨的科学态度和艺术家的思想意识。

研究服装的机能性，探讨"仿生学"的应用等是非常有意义的。这些来自大自然的机能性原理有着不可低估的参考价值，同时也是激发灵感的源泉，从而使设计师能够设计出真正符合人类需要的高性能服饰作品。如设计水中作业服和泳装的过程中，要参考鱼的运动机能特点；而为寒冷地域的人设计服装时，不妨参考一下生存在寒冷地域的动物是怎样保护自己的。当然这时不是从鱼或动物的形态中去获得灵感，如泳装及潜泳装是利用鱼在水中的运动机能要点展开的联想设计；从水鸟的运动机能性中，又可以联想到如何设计出既轻快又保暖的冬装。

另外，人类的很多发明创造也可以成为设计的灵感来源，如能够发声和播放音乐的服饰品，能够发光发亮的服饰品，能够根据需要自行调温、自动调整大小、自动清洗的服饰品或者能随环境变化而变化颜色的服饰品等，都可能成为未来生活、军事、医疗等各个领域中极为便利的机能性服饰品。

（七）诠释命题的设计

以某历史事件或传统活动、仪式为主题展开设计时，要特别强调装饰性、标识性或礼仪性。

以一些历史事件为主题的服饰品，为了清楚地表达出深刻的主题内涵和深远的历史意义，那么一些与主题相关的装饰与标识就会成为极为重要的构成要素。而某些传统活动或仪式，如博览会或各类赛事等，主办单位的工作人员所佩戴的衣物鞋帽或徽章、袖标等必须具有标志性，所以以某种活动或仪式为主题的设计要尽量强调有关活动的标识，在立足主题设计的基础上展开创新设计。

现代科技的发展使人类对宏观世界与微观世界的认识大大拓展。宏观的星系、黑洞、流星雨等，微观的细胞、原子、质子等，都给设计师无限的想象空间。抽象事物的具象化以及难以捕捉的抽象形态是令设计师感兴趣的内容，如电、声波、光、空间、时间及电信、网络等，把它们显现为可视的几何形态或有机形态，汇集成为现代首饰设计的元素。在现代首饰设计中，这些科技题材造型的流行，反映了人们推崇新奇浪漫和跨越空间的情趣，以及追求新潮、与时代脉搏一起跳动的情感宣泄。设计者们利用一切可以利用的材料，使首饰的造型和风格不断翻新和别出心裁，如将手镯和电子表、项链和电子表等综合设计为一体，使作品的功能和审美高度地统一起来，求得一种设计的情趣和新意。有的作品则以近乎怪诞的造型手段，使之产生一种奇特的视觉效果，充满了现代艺术的浪漫色彩和超越感，显示着科学与艺术的共生以及时代精神和情感的共存。

二、服饰品设计的要素

（一）点

点在空间中起着标明位置的作用，具有注目、突出、吸引视线的特性。从数学意义上说，点是在一个空间或一个平面上的位置，点只有在静止状态下才得以成立。在造型艺术中，点包括规则和不规则的，其形象非常生动，被赋予形状、面积、色彩甚至体积等内容，可以成为一个独立的造型单位。在服饰品设计表现中，点的放置随意性也很大，可以以钻石、宝石、纽扣、亮片、烫金小水钻或亚克力饰品等形式出现，突出单个点的装饰，也可以进行点的排列组合，其中有不连接、连接和重叠的形式，分别产生线、面或体的感觉。点在设计中起着重要作用，既可以构成图案或纹样中的线，也可以组成纹样中的面。用点可以再现出图案的明暗、深浅和层次，效果细腻、精美。点的形状有规则形、自由形，点的组织有疏密、大小、轻重、虚实的变化。通常圆点、方形点、椭圆点、三角形点、星形点、水滴形点、心形点等是最常用的。

随着点的排列位置变化与排列数量的多少、产生跳跃的各种节奏，给人多种不同的心理感受，也能显示平静、升腾、聚散、专注等不同的效果。点在空间中的不同位置及形态以及聚散变化都会引起人的不同视觉感受。当点在空间的中心位置时，可产生稳重、集中感；当点在空间的一侧时，可产生不稳定的游移感；当点竖直排列，能产生直向拉伸的苗条感；当较多数目、大小不等的点作渐变的排列，可产生立体感和视错感；当大小不同的点有秩序地排列，可产生节奏韵律感；当三点按一定位置排列时有三角联想感。

（二）线

点的运动轨迹称为线，线在空间中起着连贯的作用。线是在服饰品设计中使用最广泛的因素之一。线在数学中是点的移动轨迹，是点与点的连接，也是面与面的交界。线有直线和曲线的区别，有粗细、轻重、刚柔、强弱、虚实等多种变化，还有枯笔、圆润的表现效果。线还能表现不同的质感。在描绘对象形体结构和渲染艺术效果方面，线有着丰富的表现力。可完全用线勾画出一张图案，不同内容的纹样可选用不同形式的线来表现。

1.线的分类

线又分为直线和曲线两大类。直线形态给人刚劲、有力的美感，它主要以垂直、水平、倾斜三种不同的方向在作品中起到构成的作用，同时具有长度、粗细、位置以及方向上的变化。不同特征的线给人们不同的感受。例如水平线平静安定，垂直线干脆、果断，斜向直线具有方向感。同时通过改变线的长度可产生深度感，而改变线的粗细又产生明暗效果等。垂直水平交错分割的不同即会出现不同的特征：或敦厚、厚重，或严格、刻板，或正统、安定。

曲线则具有柔软优雅之感，曲线的流动性比直线大得多，在服饰品设计中常以圆线、波线和任意曲线的面貌出现。各种曲线都发挥着各自的作用，给人不同的联想。几何曲线具有理智而柔美的美感，它们通常呈对称分布，均衡、稳定又富于变化，有动感、速度感，显得典雅柔和；蛇形曲线也称 S 形曲线，具有强烈的节奏感和韵律感，同时又充满柔和、秀美的气质，跳跃又活泼；螺旋线具有强烈的上升感，同时可将重复性和创造性完美结合，从中甚至可以领略到一种幽默的趣味。螺旋的运动感中透着一种舒缓、逐步延伸的优雅美；自由曲线具有随机性和偶然性，显得奔放、流畅、热情、丰富，有抒情般的美感。

特别是在首饰设计中，曲线有着独特的造型魅力。从宇宙大爆炸形成的涡旋星云到构成生命的 DNA、人体骨骼、贝类、植物、兽角等无不呈现出曲线；建筑、绘画、工艺品、舞蹈艺术等无不充满着曲线。没有曲线，就没有合理的结构，也没有美妙的造型。即使在情感世界里，如果把喜怒哀乐绘制成线条，也一定是高低错落、逶迤悠长的曲线；思维的世界更是由"波浪式前进、螺旋式上升"的模式所主宰。因此，曲线的应用在设计中往往备受关注。

2.线的构成与组合

线是服饰品设计的灵魂，设计中恰当地采用多线条的排列或组合，其表现力明确、丰富。在线的排列中，直线平行排列会产生面的感觉，疏密、粗细有规则的排列能表现曲面；而曲线排列可产生立体感。线的组合有不连接、连接、辐射、交叉等多种形式。线的宽度与长度也是相对的，如果宽度比较大，则线的长度感觉变短；如宽度减小，则长度感觉相对增长。

一般来说，在服饰品中线条可表现为饰品外轮廓造型线、裁剪线、省道线、褶裥线、装饰线以及面料线条图案等。服饰品的形态美的构成，无处不显露出线的创造力和表现力。

（三）面

线的移动轨迹构成了面。数学中面的概念是线的移动轨迹，由线排列而成。面具有充实的块状美丽和丰富的表现特征。面的组合、面的体化、面的隐视、面的虚拟、面的扭曲等组合方式都能将面的性格特征展示透彻。面有各种形状，有大小与虚实变化，有正形与负形之分，有点组成的面，有线组成的面。用点和线组成的面丰富而有变化，用块面表现的面充实而有力。面具有相对性，点和面是相对的概念。

另外，面具有二维空间的性质，有平面和曲面之分。面又可根据线构成的形态分为几何形、有机形、偶然形和不规则形等。几何形：如正方形、三角形、梯形、多边形、圆、椭圆等，具有明快、秩序、理智、冷静之感。有机形：无须用绘图仪器绘画，如鹅卵石形等，具有自然、质朴的美感。偶然形：具有偶然性强的特点，感觉新奇多变，极富个性。不规则形：通过随意地撕、剪而产生的形状，感觉丰富、有趣、原始。

不同形态的面又具有不同的特性。例如，三角形具有不稳定感，偶然形具有随意活泼之感等。面与面的分割组合以及面与面的重叠和旋转会形成新的面，面的分割有以下几种分割方式：直面分割、横面分割、斜面分割、角面分割。

现代服饰品设计愈加抽象和时尚。不同的时尚元素相遇，会碰撞出前所未有的灵感；将扭曲的几何图形组合在一起，可产生最令人刮目相看的元素。当各色花纹与几何形状结合或当几种不同形状不规则地纠缠在一起时，让人不得不惊叹这是一种奇妙的组合。直线和弧面扭出全新风格的几何型，简约却变幻莫测，似是而非的形状传递出多种信息，有时坚韧不拔，有时娇柔妩媚，使佩戴者呈现多变姿态。

（四）体

体是由面与面组合而构成的，具有三维空间的概念。不同形态的体具有不同的个性，同时从不同的角度观察，体也将表现出不同的视觉形态。

按照数学的解释，体是面的角度转折和移动的轨迹，由面的堆积和面的包围而成。通常，称为"立体"或"体积"的体是可以从任何角度观察并能够触摸得到的实体。体大致可以分成平面立体和曲面立体。平面立体是由表面平整的面包围而成，曲面立体则是由无数个细小的平面或曲面包围而成。前者比较刚直挺拔、棱角分明，后者比较柔顺圆滑、过渡自然。介于平面立体和曲面立体特性之间的称为中间立体。

体是自始至终贯穿于服饰设计中的基础要素，设计者要树立起完整的立体形态概念。一方面服饰的设计要符合人体的基本形态，以及运动时人体变化的需要；另一方面通过对体的创意性设计，也能使饰品配件别具风格。

用立体概念来思考，在头脑中想象出即将设计的作品的立体穿着的效果，是设计师应该具备的三维空间造型能力，学生在平时的学习与训练中要多做一些三维空间的设计训练。当然，建立立体概念的最好途径是进行必要的美术基础训练。

综上所述，点、线、面、体既是相对独立的设计单位，又是可相互关联的整体。对各类服饰品设计时，应将这四个因素灵活使用，并利用形式美法则加以组合。

第三节 民族风格服饰的设计程序

民族风格服饰设计是以人体为对象，以材料和设计图为基础，结合多种技能并运用一定表现技法塑造形体的创造性行为，既是设计理念的表达也是艺术表现手法的创新。设计的过程是将民族服饰语言时尚化的创作过程，设计程序包括设计定位、制作调研手册、构思设计和设计方案等，即根据设计对象的要求进行构思，并绘制出效果图、平面图，再根据图纸进行制作，直至完成最终设计。

民族风格服饰设计的主要因素是款式、色彩、材料。设计师从创作灵感出发，运用不同的设计手法，结合流行时尚，从而创造出丰富多彩的具有民族风格的服饰作品。服装款式包括服装的外部轮廓造型和内部结构。前者即人体着装后的正面或侧面的剪影，也称为服装廓形，能够充分展示服装外部形态的整体效果，使人忽视局部细节和复杂结构而获得深刻的第一印象。新颖的服装廓形，能体现当时社会的审美观和时代感，经典的服装廓形则历经多年而直被人们传承。服装廓形是服装的总体框架，是服装设计的首要部分，其设计与构思常常成为时装设计创新的关键。所以在多数情况下，许多设计师先从服装的外轮廓造型入手，在确定服装廓形和具体款式之后再考虑色彩和面料。

服装色彩可以说是与服装廓形同时进入消费者眼帘的，是最能给人直接感受的因素。由于服装色彩是用来装饰、美化着装者的，所以在服装色彩构思设计过程中，着装对象是构思中始终必须考虑的问题，如形体、肤色、年龄、气质、个性特征等。服装色彩的载体是服装材料，所以色彩与材料是紧密相关的统一体。依附于不同的服装面料，服装会产生各具特性的色彩情感，面料的性能、美感决定了色彩的审美。服装色彩又受款式的制约，必须与服装款式进行整体思考。服装色彩方案的产生取决于对服装整体风格的构思，一般包括基调色、辅助色、强调色。

服装面料不仅是色彩的载体，也是辅助服装款式完成的关键。设计者根据款式、色彩需要，选择相应面料。为了保障面料的质感、性能符合设计的要求，有些设计师甚至从选择纱线开始。除了将服装面料与色彩搭配协调外，设计师还通过揉搓、抽纱、折叠、植入其他材料等方法，将普通的面料重新塑造加工，创造出独特的质感和细节，产生新的触感肌理，给人以新的视觉、心理感受，使服装作品更加生动、形象，从而加强服装设计作品的艺术感染力。

一、设计目标与定位

任何设计都是根据一定的目的而进行的。服装设计的目的，来自人们对服装的具体要求，如服装公司的品牌服装设计要与目标顾客群的需求吻合，各类服装比赛有不同的选拔标准，为个人定制服装要满足个人的具体要求，为文艺演出或节日游行人员定制服装要考虑场合的限制，为工厂企业或服务行业设计职业服装要符合其整体形象要求等。服装设计者根据这些目的制订设计任务，进行构思创作，选择相应的材料制作成品。为此，可以将服装设计分为成衣设计、时装设计、定制设计等，各类设计根据消费者的不同类型有着不同的设计目标和定位。

（一）成衣

成衣是指按照一定规格、号型标准成批量生产的成品衣服。与根据测量人体尺寸裁衣制作的定制和自制服装不同，成衣是机械化生产的工业产品，具有产品规模系列化、质量标准化的特点，符合批量生产的经济原则。成衣适合生产线生产，没有过分复杂的装饰和过多的生产程序，会尽可能降低生产成本。因此，成衣的设计风格和制作工艺与定制服装和时装有着明显的差别。成衣的基本风格包括优雅风格、田园风格、军旅风格、前卫风格等。具体定位哪些种类的单品和风格要通过分析目标消费人群生活需求、时尚需求而得，要考虑其年龄、兴趣爱好、体型特征、经济能力等因素，经过成本核算，最终制订合理的市场价格。近几年，民族服饰成衣品牌不断发展，如擅长用丝、麻、棉、毛等天然材料演绎平和、健康、美丽的中国女性形象的"天意"，体现浓郁东方色彩与时尚西方元素之间交集荟萃的"渔"等，这些日趋成熟的民族品牌不仅打造着具有浓郁民族特色的都市休闲女性形象，表达中国风格与韵味，同时也使中国传统文化得以传承与创新。

（二）时装

时装是与时代审美同步或超前，小批量（有时甚至是单件）生产的小众服装，具有很强的艺术性和适时性，是极富创意的服装设计作品。时装设计师对于时尚感觉敏锐，他们将感受到的信息以独特的设计手法融入自己的作品中，每年通过发布会向人们表达设计理念和对时尚流行的预测，堪当时尚的先驱。

时装设计以求新为主要设计目的，在一定程度上不受生产成本和工艺制作的限制。时装强调设计师的个性风格，在款式、造型、色彩、纹样、缀饰等方面的创意都让人耳目一新，是设计师设计水平和审美能力等的完美体现。

（三）定制服装

定制服装是根据客户的要求为个人量体裁衣，再根据尺寸定做的服装，可以是为个人设计并制作的单件套服装，也可以是为团体设计制作的批量服装。为团体设计制作的批量服装一般包括为工厂企业或服务行业设计职业服装，为舞台演出、影视剧或某个节日设计制作的批量表演服装等。为个人设计并制作的单件套服装又分为一般定制和高级定制。在我国，价格低廉的生活服装一般定制曾经非常盛行，随时代变迁，高级定制已经成为服装行业的新机遇，如节目主持人服装、演唱会服装、颁奖典礼服装等。

二、制作调研手册

在明确设计目的后，便进入调研阶段，广泛收集与主题有关的图片、文字资料，将收集到的资料进行汇总，制作调研手册。调研主要是对民族服饰的式样、色彩、材料三大要素进行归纳，对一些精彩细节着重分析，包括服装局部的造型结构、刺绣图案、独特的配色、特殊工艺处理等。调研手册既是为了下一步要进行的构思设计做好铺垫，也是为长期从事设计工作所做的必要的设计素材积累。

收集到的资料要有所选择并按照一定的方式收入调研手册。首先对所有资料进行分类，将具有相同或相似特点的资料进行归类处理，从中挑选出特别感兴趣、能够启发设计灵感的部分制作主题构思图。比较常用的方法是制作创意板，将照片、图片、面料小样、手绘、文字等资料概括、提炼，拼贴在同一张图中，按照自己的审美喜好排列顺序，组合图片的大小等，使构图不仅能够体现自己的个性风格，表达自己对主题的独特阐释，还能进一步激发设计灵感和创作欲望。

三、构思设计

构思是设计的最初阶段，是在寻找设计灵感、寻找素材的过程完成后即刻进入的部分。构思是围绕款式、色彩、面料三要素进行的多方位思考，是非常感性的，开始可能是纷杂的、无序的、非常模糊的，随着设计构思的不断深入，思路慢慢变得清晰，进而对穿着效果和成本有了理性的思考。

（一）草图构思与方案确立

在构思过程中，产生的灵感要马上记录下来，可以是草图甚至涂鸦的形式，因为许多灵感只是在脑海中闪现，会瞬间消失。事实上，草图要经过几遍甚至几十遍的筛选，因为最初记录的草图是凌乱的、不完整的，经过比较、选择后才能得到完整的设计。如此经过多次修改后，才能得到较为成熟的构思设计草图。

（二）材料的选择与运用

材料的选择是决定设计成败的关键，因为材料是设计构思的最终载体，其软硬、悬垂等质感因素会影响服装廓形的塑造，其色彩、图案、厚薄等外观因素会影响作品艺术性的表达，而材料的透气、保暖等性能因素将关系到服装的舒适度、可穿性，从而影响服装的实用性和市场销售。例如，硬挺面料便于服装廓形的塑造，丝绸、纱料则容易表现飘逸观感。此外，现代科技发展对服装行业有着极深的影响，对于服装本身而言，主要表现在对天然材料性能的优化和改造，人造服装材料的开发运用以及染色处理上，要使艺术与技术完美地结合在一起，如采用新兴的数码印染技术，表现层次丰富、形象逼真的色彩图案。

四、设计方案

设计方案主要包括彩色服装效果图、构思设计说明、平面服装款式图、所需面料小样、细节展示和工艺说明几个方面的内容，是设计构思的最终演绎和完美表达。

（一）绘制效果图

从最初灵感闪现的捕捉、想象到设计构思的逐渐成熟，服装效果图是对整个过程最终结果的记录、表达，同时也是对穿着者着装后预想效果的表现。为此，服装效果图在表现服装的式样、结构、面料质地、色彩等最基本因素的基础上，还应当根据所设计服装的风格表现出穿着者的个性和着装后的艺术效果。关于人体比例，由于效果图表现的是一种经过艺术处理后的氛围，所以采取写实和夸张两种方法，即普通的七头身比例或者夸张的八头身以上的比例。

效果图的表现方法很多，大致有手绘、计算机绘画两种方式。两种方式首先都要基于精练而概括的线描，线描的基本要求是能够准确表现服装的款式造型和必要的内部结构，进一步要求为能够生动地表现衣纹、衣褶的变化，若能根据不同服装面料表现不同的线条风格更佳。手绘的设色可以采用水粉颜料、水彩颜料、色彩铅笔、马克笔等。计算机绘画一般采用 Photoshop、Illustrator 等软件。无论是手绘还是计算机绘画，其设色的主要目的是表现服装材料的色彩和质感，其手法主要有平涂法、省略法、晕染法等。绘制的效果图，服装款式、细节表达要清晰、完美，服装材料的色彩质地表达要准确，以便于制板师了解设计意图，从而准确制板。

（二）绘制款式图

服装款式图是服装的平面展示图，对效果图中模糊的部位能够清晰表现，是对效果图的必要补充，用于制板和指导生产。与服装效果图不同，款式图重点表现款式的外观和细节工艺处理，对生产的指导意义比较强。因此，款式图不绘制人体，只绘制单件服装的正面和背面图，以工整的线描绘制服装的外轮廓、内部构造、细节、零部件等，目的是便于制板师清楚地了解样式，以便打板、制作的顺利进行。

款式图的线条要流畅整洁，各部位比例形态要符合服装的尺寸规格，绘制规范，不上色彩，不表现面料质地，不画阴影、衣纹，没有渲染艺术效果。由于款式图是用于制板和指导生产，所以，除绘制服装款式外，还需要附加设计说明。不同的服装设计对设计说明的要求各异，多用文字来表达，叙述设计者对主题的理解、灵感来源、设计理念、对设计意图的具体说明，工艺要点等，包括必要的工艺说明、对板型宽松度的描述，贴面料和辅料小样，标注色号，对配件的选用要求以及装饰方面的具体问题等，最好能提供基本打板尺寸，或者是对适用对象的必要描述，如年龄、使用场合、穿着时间等。这种方式多用于服装比赛设计说明或单件服装设计说明，而针对品牌的宣传，需要以图文并茂的方式表达品牌的设计理念、设计风格等。

第四节　传统服饰元素的采集与应用

人类认识世界和改造世界，必然要从事一系列思维和实践活动，这些活动所采用的各种方式，统称为方法。借助这些方法，可以把握事物的某种特征，以达到认识事物的目的。

研究设计方法，需要遵循一定的步骤和原则，强调设计中创新能力的培养，分析创新思维规律，研究并促进各种创新技法在设计中的运用。研究设计信息库的建立，把设计过程中所需的大量信息规律地加以分类、排列、储存，便于设计者查找和调用，是学习者知识的储备与沉淀的最佳途径。服饰品设计还可以借鉴其他造型艺术设计的方法，如加减法、夸张法等。

一、加减法设计

在追求奢华的年代中，加法用得较多，给人以繁杂、丰富的感觉。无论是加法还是减法设计，恰当和适度是非常重要的。在利用基本素材的基础上，不过多地变化形体，而是运用原有素材的形态进行大小不同的组合。注重素材在设计上的增减，讲求素材在设计上的形式美感，在整体的造型表现上依然能清晰可见原有素材形态的存在。

二、拆解组合设计法

选择一种或几种不同素材，在此基础上拆解或打破原有的素材形态，在某个设计主题中组合变化为一个有机的整体，创造出新的形象造型。采用拆解组合方法时要注意避免刻板、机械的设计组合，组合并不是将所有的素材元素进行简单地堆砌，而是利用素材的精华要素，根据设计主题的需要，巧妙地进行拆解组合造型，才能达到出奇制胜的设计效果。将两种性质、形态、功能不同的服饰品组合起来，产生新的造型，形成新的服饰品样式，这种设计方法不仅可以集中两者的优点，还能避免两者的缺点。

组合法用于不同功能零部件的组合，使新样式兼具两重性质，如果是女性化的设计，由于组合过程中比例不同，新造型的效果也不同，组合不仅表现在形态上，也表现在对材质的汲取上。

三、仿生设计法

在首饰设计中经常采用模仿自然形态的手法进行设计，尤其在主题性极其明确的歌舞剧人物造型服饰配件表现中比较普遍。仿生设计法要着重于突出设计的写实性，它能直接表现出某种素材在整体造型上的外在形象，拉近人与素材的距离，起到烘托出设计主题气氛的作用。自然模仿的设计要集中体现素材的自然美感，去掉多余的纯制作意识，使作品流露出朴实自然的形象。

四、转移设计法

转移法是一种宣传及广告的技巧，它将正面或负面的人格特质、个体特性或价值观（个人的、组织的等）投射或联结到别的人、事、物上，让后者更容易被接受。将人类对于某些事物信赖转移到其他事物上，使其更容易被接受，也就是将一种事物转化到另外的事物中使用。

转移设计法可以使在本领域难以解决的问题通过移位产生新的突破，它主要表现在按照设计意图将不同风格品种，功能的服装品相互渗透、相互置换，从而形成新外观的服饰品。在转移过程中由于双方所分配的比例不同，会碰撞出很多种可能，主要属性倾向于哪边，是根据服饰品市场或主体消费者的欲求来选择设计尺度的把握。

采用转移法的设计方法，要注意素材的特点，改变素材原有的形态，可以取素材的颜色或线条等局部特征，并利用服饰特殊的表现手段加以处理，使之达到具有针对性的造型要求。例如，中国风格的一些服饰品或首饰，常常将中国的亭台楼阁、铜钱古币、京剧或琵琶等乐器等原形按比例转移设计成耳坠、项链、发饰，直接传达古风与古韵，也深受时尚人士的喜爱。

五、变异设计法

变异并不是刻意强调变形，而是突出素材的内在含义，在改变原有素材形态的基础上，注重作品的象征意义，给人的感受是极富有美好的寓意。采用变异设计方法，可以借助一幅画、一块颜色、一些线条等，把设计师对物的感受用抽象和象征的手法表现出来。

六、夸张设计法

夸张设计法是常见的设计方法，也是一种化平淡为奇异的设计方法。在服饰品设计中夸张的手法常用于某个局部造型，夸张不但是把本来的状态和特性放大，也包括缩小，从而造成视觉上的冲击。夸张需要一个尺度，这是根据设计目的决定的。在趋向极端的夸张设计过程中有无数个形态，选择、截取最合适的状态应用在设计中，是服饰配件设计训练的关键。夸张法除造型外，还可以对材料、装饰细节进行夸张，采用重叠、组合、变换、移动、分解等手法，从位置高低、长短、粗细、轻重、厚薄、软硬等多方面进行极限夸张，此法较适合于舞台或影视表演服饰。当然夸张的设计手法在日常服饰品设计中主要就是利用素材的特点，通过艺术的夸张使原有的形态发生变化，使之符合设计主题的定位，同时也达到一种形式美的效果。

七、同形异想设计法

利用配件上可变的设计要素，使一种服饰品的外形衍生出很多种设计，运用色彩、结构、配件、装饰、搭配等要素的异想变化进行设计。线条分割应合理、有序，使之与整体外形协调统一，或在基本上不改变整体效果的前提下，对有关局部进行改进与处理。该方法是以某一种原型为基础寻找所有相关事物并进行筛选整理，或当设计出一个新的造型后，顺着原来的设计思路继续把相关的造型尽可能多地开发出来，然后从中选择一种最佳方案，这种设计方法适合大量、快速地设计。

八、整体设计法

整体设计法是从整体出发逐步推进到局部的设计方法，它是由整体到局部、再由局部回到整体来完成所有设计过程。可以从宏观上把握设计效果，要注意局部与整体造型之间的关系。整体法可以根据风格要求，从造型角度考虑，然后确定服饰品的内部结构，也可根据设计主题要求先确定整体色调或材料，之后深入探讨细部的色彩搭配。

九、局部设计法

局部设计法是一种以点带面的设计方法，从事物的某一个局部入手，再对其整体和其他部位展开设计。日常生活中，要善于发现美的、精致的细节，从而引发设计的灵感，并经过一定的改进，设计新的饰品，而其他部分都会依据细节造型特点的感觉进行顺势设计。

服饰品设计方法还有很多，设计师可以在设计实践中不断总结。必须注意在设计时不要被过多的方法所迷惑，切忌在一件饰品上运用太多设计方法而导致没有重点。

第五节　传统服饰的色彩原理与用色技巧

色彩设计的语言，在人类社会活动中作为一种视觉符号系统，是进行信息传递的手段。

服饰品的色彩能够给人的感官留下深刻的印象，而且在很大程度上也是服饰品穿着佩戴成败的关键所在。色彩对人的视觉刺激最快速、最强烈、最深刻，所以被称为"服饰之第一可视物"。色彩研究学家研究指出，人对色彩的敏感度远远超过对外形的敏感度，因此色彩在设计中的地位是至关重要的。人们对色彩的反应是强烈的，但并非对色彩的感受都相同，因此在设计中对于色彩的选择与搭配要充分考虑不同对象的年龄、性格、修养、兴趣与气质等相关因素，还要考虑在不同的社会、政治、经济、文化、艺术、风俗和传统生活习惯的影响下，人们对色彩的不同情感反应，以及不同民族对色彩的喜爱与忌讳。

一、色彩识别

色彩和光有着密不可分的关系，没有光即无所谓色。自然界中的物体五花八门、变化万千，它们本身大都不会发光，但却呈现出各种各样的色彩，究其原因，是因为物体表面都选择性地吸收了部分光线，并反射出另一部分光线的缘故。色彩学上认为，光源色、环境色以及物体本身的特性确定了物体色。而是否存在物体固有色的问题一直在争论之中。简而言之，人眼看到的物体反射出的光的颜色即是物体色。

众所周知，太阳光从三棱镜中可分解为红、橙、黄、绿、青、蓝、紫七色。一片树叶如果吸收了红、橙、黄、青、蓝、紫的光，而反射绿色光，那么绿色即为它所呈现出来的色彩。如果一物体吸收所有光，它便呈现出黑色；反之，物体反射所有光，它既呈现出白色。当然，任何物体对色光不可能全部吸收或反射，自然界中也没有纯粹的黑或纯粹的白。

其实人眼所能看到的光只是所有光线的小部分，大部分光是看不到的。只有波长在 0.39～0.77 微米的电磁波可被人眼感知，称为可见光。而其他光线还包括紫外线、红外线、X 射线、Y 射线、无线电波等。在可见光中，波长决定了不同的色相，振幅决定了色彩的明暗。

单就可见光产生色彩来说，所有色彩都具有明度、色相、纯度这三重特性，称为色彩的三属性，它们是构成色彩最基本的要素。用色彩调和进行创作时，人们习惯把视觉能感知到的色彩分为无彩色与有彩色两大类。

无彩色指黑白以及各种金银荧光等自然界中没有的颜色。有彩色是指三原色——红、黄、蓝；间色——橙（红与黄调和）、绿（黄与蓝调和）、紫（红与蓝调和）；复色——黄绿、蓝绿、蓝紫、黄橙、橙红、红紫。这十二色相是色彩分类的基础，色相之间有着明度、冷暖和纯度的差别。一般情况下，将色相环中黄至红紫称为暖色系，绿至蓝紫称为冷色系。色相环中直线相对的红与绿、黄与紫、橙与蓝是三对互补色，每对互补色等量调和形成中性灰。一个补色为主调，加入不同量的互补色会产生以该补色倾向的彩灰色。就纯度而言，红、黄、蓝三原色纯度最高、视觉感最强烈，其余的间色与复色纯度则较低。

为了在实际工作中更方便地运用色彩，经过历史上许多色彩学家努力的研究，将色彩按照一定的规律和秩序排列起来，建立了牛顿色环、伊顿色环、韦氏色环、奥斯特瓦德色立体、孟塞尔色立体和日本 PCCS 色彩系统等"配色字典"。日本 PCCS 色彩系统是日本色彩研究所研制的，1965 年正式发表。它的色立体模型、色彩明度及纯度的表示方法与孟塞尔色立体相似，但分割的比例和级数不同，它也吸收了奥斯特瓦德色彩立体的一些特点。它的最大特点，是将色彩的三属性关系，综合成色相与色调两种观念来构成色调系列的，便于色彩的各种搭配。它注重色彩设计应用的方便，更多表现为一种实用的配色工具。

二、色彩与质感

人眼不仅能感知到物体呈现的最细微的色彩倾向，往往还能在未曾触摸时仅仅凭借视觉体验即能判断物体坚硬或者柔软、光滑或者粗糙。这是因为无论物体对色光的吸收、反射还是透射能力，都是受到物体表面肌理状态的影响的。由于光照射在物体上的形式不同，产生了直射、反射、透射、折射、漫反射等不同效果，使得自然界中各种各样的物体表现出丰富的肌理特点与质感特征。表面光滑、平整、细腻的物体对色光的反射较强，如镜子、磨光石面、丝绸织物等。表面粗糙、凹凸、疏松的物体对色光的反射较弱，易产生漫反射现象，如毛玻璃、呢绒、海绵等。

在服饰品设计过程中，不仅要考虑各个设计要素之间的色彩搭配原则，同时还应结合不同材质的肌理质感效果慎重选择，以求达到完美的设计效果。相同的色彩呈现在不同材质上会给人截然不同的色彩感受。例如，同样的褐色，在木制品上会呈现亚光粗糙的质感，木纹肌理包含古朴的韵味；褐色的琥珀则表现得光洁透亮，给人以温润的视觉体验；而褐色的兽皮则带有温暖、野性的视觉感受以及毛茸茸的触感联想。

三、色彩的生理感受与心理联想

色彩带给人丰富的视觉感受，它不仅影响着人们的生理感受，还带给人丰富的心理联想。科学家已经利用色彩来帮助人们改善情绪、缓解疲劳、提高注意力等。从生理影响方面讲，除冷暖感之外，色彩带给人的主观感受还具有胀缩感、轻重感、软硬感、强弱感、明快感与忧郁感、兴奋感与沉静感、华丽感与朴素感等。

（一）色彩的冷暖感

色彩的冷暖又称色性，实际上是由于人对色彩的心理作用造成的，蓝色、紫色等色彩容易让人联想到天空、大海、冰山等，带给人的感觉是冷的，故称为冷色。而红、橙、黄容易让人联想到火焰、太阳、火山等，给人的感觉是暖的，故称为暖色。色相环上的色彩带顺时针依次划分为中性色、冷色系、中性色、暖色系。色彩的冷暖与明度、纯度也有关。高明度的色一般有冷感，低明度的色一般有暖感。高纯度的色一般有暖感，低纯度的色一般有冷感。无彩色系中白色有冷感，黑色有暖感，灰色属中性。

（二）色彩的胀缩感

各种不同波长的光同时通过人眼的水晶体时，聚焦点并不完全在视网膜的一个平面上，因此在视网膜上的影像的清晰度就有一定差别。长波长的暖色影像焦距不准确，因此在视网膜上所形成的影像模糊不清，似乎具有一种扩散性；短波长的冷色影像就比较清晰，似乎具有某种收缩性。通常来说，暖色、浅色产生膨胀感，冷色、深色产生收缩感。明度高的色彩膨胀，明度低的色彩收缩。据说法国国旗最初是由面积完全相等的红、白、蓝三色制成的，但旗帜升到空中后感觉三色的面积并不相等，于是法国色彩专家进行调整，最后把三色的比例调整到红为37%、白为33%、蓝为30%的比例，才使人感觉到面积相等。这正是由于色彩的胀缩感所致。

（三）色彩的轻重感

色彩的轻重感一般由明度决定。高明度色彩感觉轻，低明度色彩具有重感；白色给人感觉最轻，黑色给人感觉最重；低明度基调的配色具有重感，高明度基调的配色具有轻感。

（四）色彩的软硬感

色彩软硬感与明度、纯度有关。凡明度较高的含灰色系色彩具有软感，凡明度较低的含灰色系色彩具有硬感；色彩的纯度越高越具有硬感，纯度越低越呈现软感；强对比色调具有硬感，弱对比色调具有软感。

（五）色彩的强弱感

高纯度色彩有强感，低纯度色彩有弱感；有彩色系比无彩色系有强感，有彩色系以红色为最强；对比度大的具有强感，反之呈现弱感。即背景深、图亮则强，背景亮、图暗也强；背景深、图不亮和背景亮、图不暗则有弱感。

（六）色彩的明快感与忧郁感

色彩明快感与忧郁感和明度有关，明度高而鲜艳的色彩具有明快感，深暗而混浊的色具有忧郁感；低明基调的配色易产生忧郁阴冷感，高明基调的配色易产生明快热情感；强对比色调有明快感，弱对比色调具有忧郁感。

（七）色彩的兴奋感与沉静感

这与色相、明度、纯度都有关，其中纯度的作用最为明显。在色相方面，凡是偏红、橙的暖色系具有兴奋感，凡属蓝、青的冷色系具有沉静感；在明度方面，明度高的色具有兴奋感，明度低的色具有沉静感；在纯度方面，纯度高的色具有兴奋感，纯度低的色具有沉静感。因此，暖色系中明度最高、纯度也最高的色兴奋感觉强，冷色系中明度低而纯度低的色最有沉静感。强对比的色调具有兴奋感，弱对比的色调具有沉静感。

（八）色彩的华丽感与朴素感

这与纯度关系最大，其次是与明度有关。鲜艳而明亮的高纯度色具有华丽感，混浊而深暗的低纯度色具有朴素感。有彩色系具有华丽感，无彩色系具有朴素感。运用色相对比的配色具有华丽感。其中补色最为华丽。强对比色调具有华丽感，弱对比色调具有朴素感。

色彩还带给人亲切感（熟悉）、兴奋感（刺激）、认同感（偏爱）、抵触感（禁忌或反感）等相关的心理效应。合理运用色彩的这些心理效应，能更好地传达情感，顺应人们的审美心理。比如，娱乐场所采用华丽、兴奋的色彩能增强欢乐、愉快、热烈的气氛。学校采用明净的配色能为学生创造安静、清洁的环境。儿童服装中强烈、跳跃、明快的配色更能表现儿童的活泼感，惹人喜爱。在医学上，蓝色有利于外伤病人克制冲动烦躁；绿色有利于病人休息，红、橙色可以增强食欲，紫色可以使孕妇安定，并有镇痛的作用。

四、服饰品色彩基本原理

在饰品色彩设计中，作为色彩三要素的明度、纯度和色相能否和谐地交融或是强烈的对比，是能否形成美妙的色彩节奏感的前提。换言之，色彩的搭配组合的形式直接关系到整体服装风格的塑造。例如，可以采用一组纯度较高的对比色组合来表达热情奔放的热带风情；也可通过一组彩度较低的同类色组合体现服装典雅质朴的格调。

首先，饰物之间的色相对比能体现出比较直观强烈的色彩节奏感。色相对比指任意两色或三色并置在一起时，因它们的差别而形成的色彩对比现象。色相环上，任何一个颜色都可以作为主色与其他颜色搭配，组成同类色、邻近色、等边三角形、对比色和互补色的对比关系。同类色对比显得单纯、文静、雅致；邻近色对比显得和谐、统一；等边三角形的对比显得丰满、活泼；对比色对比显得强烈、兴奋；互补色对比显得饱满活泼、生动刺激。

其次，饰物之间的色彩明度对比也是决定色彩节奏感的重要因素之一。色彩的明度决定色彩的明暗深浅程度，是色彩的骨架。黑白色系的饰品主要靠明度的变化来形成节奏感。

对于彩色系的饰品，明度一般有以下三种对比关系。

第一，强对比，即饰物之间明暗反差较大，跳跃性极强，具有一种铿锵有力的节奏感。

第二，弱对比，饰物之间的明暗有一些变化，但不强烈，具有一种柔美细腻的节奏感。

第三，中对比，饰物之间的明暗对比程度介于前面两者之间，不紧不慢，具有一种安定祥和的节奏感。

有时在一件饰品中同时存在两种或三种甚至更多的对比关系，显得层次丰富。例如，彩陶系列的珠饰色彩丰富，同时呈现浅蓝色花纹陶饰与深色小圆珠的对比，给视觉以强烈对比，属强对比；与灰色小圆珠相比，则对比较弱，属弱对比。除此之外，各色珠饰在排列组合时，还存在不同的对比关系。

一般在饰品色彩设计中色彩的明度、纯度和色相会和谐地交融，同时也存在对比，对比不只体现在色彩中，也会受饰物的面积比例、形状大小、饰物之间的距离等因素的影响，所以在设计时要根据实际情况综合考虑个体的色彩、形状及大小对比产生的节奏感。例如，"紫蓝色长裤+奶油黄套头衫""苹果绿迷你洋装+粉橘腰带"的搭配中，富有节奏的对比色可以释放出色彩的强烈力量，会让穿着对象成为大众瞩目的主角。

五、服饰品色彩与服装

如果服装与服饰以统一的艺术形式为组合标准，那么往往色彩要占主导地位。衣饰色彩是服饰感观的第一印象，它有极强的吸引力，若想让其在着装上得到淋漓尽致的发挥，必须充分了解色彩的特性。有些人认为，色彩堆砌越多越"丰富多彩"，集五色于一身，遍体罗绮、镶金挂银，其实效果并不好。服饰美不美，关键在于配饰是否得体，适合年龄、身份、季节及所处环境的风俗习惯，更主要的是全身色调达到和谐的整体效果。一般而言，全身的色彩以不超过三种为宜，这虽然不是铁定的规则，却是适用于大多数的选配原则。色不在多，和谐则美，全身上下可以同时出现的色彩种类数量，跟个人的风格、气质息息相关。对典雅型风格来说，色彩种类不宜太多；对艺术型的风格来说，再多的色彩只要搭配适宜，也会协调。"三种"色彩的搭配比例也有学问，最好是"大量的主色"，配上"局部的副色"，再加"一点点的点缀色"，或者解释为选择一两个系列的颜色，以此为主色调，占据服饰的大面积，其他少量的颜色为辅，作为对比，衬托或用来点缀装饰重点部位，如衣领、腰带、丝巾等，以取得多样统一的、和谐的效果。

掌控好衣服与饰品色彩的搭配，首先在对服饰的颜色有正确认识的前提下应了解色彩的缩扩特性。人们平日的着装，通常讲究上浅下深。色彩波长的不同给人收缩或扩张的感觉有所不同。一般来讲，冷色、深色属收缩色，暖色、浅色则为扩张色。运用到服装上，前者使人苗条，后者使人丰满，二者皆可使人在形体方面扬长避短，运用不当则会在形体上出丑。深浅配色，是一深一浅的搭配，是和谐的感观；明暗配色，是明亮与黑暗的搭配，是强烈的感观。不同材质及色泽衣服的搭配，也会有不同的视觉效果，应找出最适合本身的色系，达到视觉的和谐即可。

衣服与饰品颜色搭配原则：

冷色+冷色；暖色+暖色；冷色+中间色；暖色+中间色；中间色+中间色；纯色+纯色；纯色+杂色；纯色+图案。

衣与饰颜色搭配禁忌：

冷色+暖色；亮色+亮色；暗色+暗色；杂色+杂色；图案+图案。

人们在穿着服装时，在色彩的选择上既要考虑个性、爱好、季节，又要兼顾他人的观感和所处的场合。所以明代卫泳在《缘饰》中说：春服宜清，夏服宜爽，秋服宜雅，冬服宜艳；见客宜重装，远行宜淡服，花下宜素服，对雪宜丽服。古人对服饰的讲究的确值得现代人借鉴。

过去，服饰品设计也习惯说是服饰配件，从"配"字上可以看出其在服装上的从属地位，通常意义上，它与服装设计形成统一的格调，在服饰配件设计中的色彩也应依照此原理。归纳衣与饰的色彩的搭配，主要有统一法、对比法、呼应法。

第一，统一法。即配色时尽量采用同一色系之中各种明度不同的色彩，按照深浅不同的程度搭配，以便创造出和谐感。例如，穿西服按照统一法可以参考这样搭配方法，如果采用灰色色系，可以由外向内逐渐变浅，即深灰色西服——浅灰底花纹的领带——白色衬衫。这种着装配色方法可用于工作场合或庄重的社交场合。

第二，对比法。即在配色时运用冷色、深色，用明暗两种特性相反的色彩进行组合的方法。它可以使着装在色彩上反差强烈，静中求动，突出个性。但有一点要注意，运用对比法时忌讳上下 1/2 对比，否则给人以拦腰一刀的感觉，要找到黄金分割点即身高的1/3点附近（即穿衬衣从上往下第四、第五个扣子之间），这样才有美感。

第三，呼应法。即在配色时，在某些相关部位刻意采用同一色彩，以便使其遥相呼应，产生美感。例如，在社交场合男士穿西服应遵循"三一律"。

简而言之，服装与配件搭配须知：有图案的上衣不要配相同图案的领带或丝巾、包袋；鞋子等配饰的颜色要与衣服的色彩相协调；以色相为主的服饰色彩组合，在色彩搭配时一定要有一个色调的意识，即整体的装扮虽然色彩并不少，但都是为一个主旋律服务，这样颜色才不至于显得杂乱无章。

人们总是把着装称为艺术，是因为其中需要掌握的技巧并不比画一幅好画或谱一首好歌少多少，只是布料是色彩和音符，创造力就是将这些不同色彩的布料组合成一首和谐而又有震撼力的乐章。

六、流行色的巧妙应用

色彩可以富有鲜明的时代感和时髦性。色彩专家以其尖锐的洞察力，提前把来自消费市场的时新色彩加以归纳、提炼，并通过预告推而广之，然后就蔚然成风，形成流行色。流行色在服饰中的应用是人们对色彩时髦的追求，突出反映着现代生活的审美特征。

目前国际流行色委员会每年有两次色彩专家会议，以预测来年春夏和秋冬的流行色趋向，并通过流行色卡、时尚杂志和纺织样品等媒介进行宣传。在现代服饰设计中，流行色的应用更为广泛，新潮款式、工艺、细节、配饰和流行色彩的结合日益密切。

色彩随季节的变化而变化，每季色彩有其相似性和继承性，色彩流行趋势就是上一季色彩的延续和这一季色彩的继承，再加以创新。

第一，以生态为代表和以自然为核心的观点，可以用柔和的色彩诠释，比如米黄色就顺应现实发展的潮流。另外，夏季采用深色，逆潮流而行，在夏季体现出一种色彩文化的价值。

第二，远离危机，寻找清洁绿色，寻找海洋的色彩，所以色彩整体是偏冷色调的。

第三，鉴于目前的经济状况，保守主义设计和注重维护人们生活现状的观念影响着色彩趋势的方向，因此设计师要通过降低色彩的纯度，增加中性色彩，实行色彩控制。

第四，利用自然与科技的结合，给生存在城市中的人们一个温暖、柔和、清净且没有任何污染的空间。

第七章　传统民族风格服饰的设计与创新

第一节　民族服饰元素的借鉴

历史在发展，"越是民族的就越是世界的"这个论断也在不断发展。我们对民族风格时尚设计的认识不应只是对襟、立领、盘扣、刺绣、印染、编织、绸缎等元素的堆砌，民族元素的再现只是外化的具象的"形"，真正需要抓住的是民族文化抽象的"神"，这是一个打破和再创造的过程，打破民族服饰中不适应现代生活的样式和服装结构，突破我们对民族服饰的具象认识，抽离出民族元素的本质精神，将民族元素符号进行再创造，是民族服饰元素借鉴的一种方式，最终目的是设计出既有时尚感又有文化底蕴的现代民族服装。

一、造型结构的借鉴

造型结构是服装存在的条件之一。服饰的造型又分为整体造型和局部造型。整体造型即服装的外形结构，也是服装外轮廓线形成的形体（简称廓形），它是最先进入人视觉的因素之一，常被作为描述一个时代服装潮流的主要因素，因为服装的廓形是服装款式变化的关键，对服装的外观美起到至关重要的作用。局部造型即指服装的领、袖、襟线、口袋、腰带、裤腿、裙摆、褶裥等部位细节的变化。我国民族服饰无论是整体造型还是局部造型，都十分丰富，均有规律可循，就是绝大多数民族服饰的造型属于平面结构，平面结构服装的裁剪线简单，大多呈直线状，其表现效果是平直方正的外形，主要依靠改变服装款式的长短、宽窄、组合方式、穿着层次来进行造型。从形式感的角度来分析，值得借鉴的有对称与均衡、变化与统一、比例与尺度、夸张与变形、重复与节奏等方式。

（一）对称与均衡

对称与均衡源于大自然的和谐属性，也与人心理、生理及视觉感受相一致，通常被称为美的造型原理和手段用于具体的服装设计。

对称的形式历来被当作一种大自然的造化类型而遍布于大大小小的物象形态之中，这些物象形态包括树的枝叶排置、花瓣的分布、自然界各种动物的形态构造，以及人的四肢、五官、骨骼的结构设置等，都显露出完美的对称态势。大自然中这些对称形式适应各自环境下的生存需要，体现出整个宇宙间普遍存在的一种规律。严格来讲，对称是一定的"量"与"形"的等同和相当，任何物体形象中的"物理量"和"视觉量"的分配额，以及其"内在结构"和"外在形态"的分布，所涉及的重量、数量、面积的多少，即决定了对称的程度。因此有绝对对称和相对对称之分。

绝对对称在服装上具有明显的结构特征，是以一条中轴线（或门襟线）为依据，使服装的左右两侧呈现"形量等同"的视觉观感。具有端庄、稳定的外形，视觉上有协调、整齐、庄重、完美的感觉，也符合人们通常的视觉习惯。相对对称也可以称为均衡，但它不是表象的对称，它更多体现在视觉心理的感受方面，是一种富于变化的平衡与和谐。表现在服装上同样是以中轴线（或门襟线）为准，通过服装左右两侧的不同布局达到视觉的平衡，追求的是自由、活泼、变化的效果。

在各民族服饰中，对称与均衡的造型结构形式随处可见，前者端庄静穆，有统一感和格律感，后者生动灵活，有动感。在设计中要注意把对称与均衡形式有机地结合起来并灵活运用。

（二）变化与统一

变化与统一又称多样统一。世间万物本来就是丰富多彩和富有变化的统一体。在服装中，变化是寻找各部分之间的差异、区别，营造出生动活泼和动感。统一是寻求各部分之间的内在联系、共同点或共有特征，给人以整齐感和秩序感。在服装设计中，局部造型和形式要素的多样化，可以极大地丰富服装的视觉效果，但这些变化又必须达到高度统一，使其统一于一个主题、一种风格，这样才能形成既丰富，又有规律，从整体到局部都形成多样统一的效果。如果没有变化，则单调乏味和缺少生命力；没有统一，则会显得杂乱无章，缺乏和谐与秩序。

民族服饰中服装、围腰、头饰、包袋、鞋、绑腿的运用通常都有着统一的款式和风格，统一的色彩关系，统一的面料组合，但各部分又呈现出丰富的变化和差异，这种在统一中求变化，在变化中求统一的方式是服装中不可缺少的形式美法则，使服装的各个组成部分形成既有区别又有内在联系的变化的统一体。

现代服装设计中可以借鉴这种方式，在统一中加入部分变化，或者把每一个有变化的部分有机地组合在一起，寻找秩序，达到统一。

（三）比例与尺度

服装的造型结构通常包含着一种内在的抽象关系，就是比例与尺度。比例是服装整体与局部及局部与局部之间的关系，人们在长期的生产实践和生活活动中一直运用着比例关系，并以人体自身的尺度为准，根据理想的审美效果总结出各种尺度标准。从美学意义上讲，尺度就是标准和规范，其中包含体现事物本质特征和美的规律。也就是说，服装的比例要有一个适当的标准，即符合美的规律和尺度。早在两千多年前的古希腊，数学家毕达哥拉斯就发现了至今为止全世界公认的最能引起美感的黄金比例，并作为美的规范，曾先后用于许多著名的建筑和雕塑中，也为后来的服装设计提供了有益的参照。

和谐的比例能使人产生愉悦的感觉，它是所有事物形成美感的基础。在很多民族服饰上都有体现，他们一般是根据和谐适当的比例尺度，将服装诸如上衣、下裳（裤）、袍衫等的长短、宽窄、大小、粗细、厚薄等因素，组成美观适宜的比例关系。如傣族、彝族、朝鲜族妇女的衣裙的比例关系很明显：上衣一般都比较窄小，裙子则较长，这种比例尺度，使她们的身材显得修长和柔美。我们可以借鉴这种方式，将其适当地运用在现代服装设计上，可以获得丰富的款式变化和良好的视觉效果。

（四）夸张与变形

夸张多用于文学和漫画的创作中，主要有扩大想象力，增强事物本身的特征。它是一种化平淡为神奇的设计手法，可以强化服装的视觉效果，强占人的视域。夸张是把事物的状态和特征放大（也包括缩小），从而造成视觉上的强化和弱化。在民族服饰中，造型上的夸张很常见，通常还结合可变形的手法。如苗族有的支系头饰造型十分夸张，贵州西江、丹江地区的苗族头上戴的银角高约 80 厘米，远远望去仿佛顶着银色的大牛角，有着摄人心魄的魅力。又如纳西族妇女身上的"七星披肩"、藏族喇嘛帽、广西瑶族夸张的大盘头、贵州施洞地区苗族女子的银花衣、云南新平地区花腰傣的超短上衣和造型夸张奇特的裙子等，这些少数民族非常善于采用夸张与变形的手段来塑造服饰的形象，突出其民族特点，也由此形成丰富多样的造型。

（五）重复与节奏

重复在服装上表现为同一视觉要素（相似或相近的形）连续反复排列，它的特征是形象有连续性和统一性。节奏原意是指音乐中交替出现的有规律的强弱、长短现象，是通过有序、有节、有度的变化形成的一种有条理的美。在服装造型中重复性为节奏创造了条件。

民族服装中重复与节奏的表现也很多，这是民族服饰变化生动的具体表现方法之一，如连续的纹样装饰在服装上的重复排列，形成了强烈的节奏感。装饰物的造型在服装上左右、高低的重复表现也是节奏感产生的重要手段。借鉴这种手段，可以让单一的形式产生有规律、有序的变化，给视觉带来美感享受。

二、色彩图案的借鉴

民族服饰色彩图案作为一种设计元素，绚烂而多彩，可以说是一个有着极其丰富资源的宝库，也是被设计师们借鉴得最多的因素。总体来说，民族服饰中的色彩大多古朴鲜艳、浓烈、用色大胆、搭配巧妙；图案更是形式多样，异彩纷呈。对民族服饰色彩图案的借鉴，主要有两种方法。

（一）直接运用法

这是在理解民族服饰色彩图案的基础上的一种借鉴方法。即直接运用原始素材，将色彩图案的完整构成形式或局部形式直接用于现代服装设计中。这种借鉴方法方便实用，但要注意把握三方面。首先，在运用之前要仔细解读该图案在原民族服饰上的文化内涵及色彩的象征意义，尽量做到与现代时尚感的和谐统一。其次，直接运用的图案要考虑在服装上的位置，因为有的民族图案适合做边饰，有的适合安放在中心位置，有的适合做点缀，总之一定要找准该图案在现代服装上最适合的位置。最后，直接运用某一民族图案的时候，要根据服装的整体色彩再调整该图案的色彩，很可能有的图案适合目前设计的款式，但原色彩过于浓艳与强烈，或过于沉稳与暗淡，不适合该款式或潮流，这时候就需要保留图案形状而改变色彩关系。

这三方面对于初学者来说是必不可少的，它有利于深化对图案的认识和理解。

（二）间接运用法

间接运用是在吸取民族服饰文化内涵的基础上，抓取其"神"，是一种对民族文化神韵的引申运用。也就是在原始的色彩图案符号中去寻找适合现代时尚美的新的形式和艺术语言。如以借鉴图案符号为主，对民族图案所形成的独特语言加以运用，可以做局部简化或夸张处理，也可以打散、分解再重构，产生与原始素材有区别又有联系的作品。如以色彩借鉴为主，即借鉴民族图案所具有强烈的个性色彩用于现代设计中，设计中的其他方面，如构成、纹样、表现形式又以创作为主，产生既有现代感又有民族味道的设计作品。

三、工艺技法的借鉴

民族服饰的工艺技法也可以作为一种设计元素运用在现代服装设计中。民族服饰工艺技法的借鉴可分为以下两方面：一方面是面料制作工艺技法的借鉴；另一方面是服饰装饰工艺技法的借鉴。

（一）面料制作工艺技法的借鉴

民族服饰的服装面料基本都是当地人们全手工制作完成的，是为适应该地的生产和生活方式而产生的，典型的有哈尼族、基诺族、苗族等许多少数民族的土布；羌族、土家族、畲族的麻布；侗族、苗族的亮布；白族、布依族的扎染面料；藏族的毛织面料；鄂伦春族、赫哲族的皮质面料等。这些都是与其民族周围环境相协调，与生产劳动相适应的面料，具有民族的独特乡土气息和朴素和谐的外观，也有其独特的制作工艺。

通常一匹传统民族手工布料的完成要经过播种、耕耘、拣棉、夹籽、轧花、弹花、纺纱、织布、染布、整理等过程，这种传统工艺在我们今天看来，制作工序复杂、生产效率低，但由于原料和染色工艺都具有无可比拟的优点而受到人们的重视。因为民间几乎所有的染色原料都来自不同种类的植物和动物材料，当地民族遵循着几千年来基本相同的方法，用各种植物和树木的根、茎、树皮、叶子、浆果和花等来上色，所以它们的原料是可以再生的，不仅不会对人体有害，有时候还有利于人体健康。另外，染色工艺的化学反应温和单纯，与大自然相协调，和环境具有较好的相容性。因此，在当前呼吁环保、重视生态平衡的时代，民族服饰面料工艺技法是非常值得借鉴的。

对于传统面料工艺技法的借鉴有两种方法，一种方法是完全按照传统工艺技法进行制作。另一种方法是在传统工艺技法的基础上进行改进。尽管民族传统面料具有保暖、干爽、透气、抗菌、无污染等健康环保的优点，但也有着一些与现代生活不协调的缺点，因为民族服饰的面料工艺制作毕竟是一项家庭作坊式的手工劳动，天然染料会因为季节、产地、染色等诸多因素的限制和影响而染出的色彩有差异，使面料呈现出不均匀的外观，会因此而降低生产效率和生产质量。所以，为适应现代服装设计的需求，必须在此基础上考虑改良，使新面料既保持原有的天然外观和物理优势，又能提高面料质量和生产效率。

目前服装设计界对传统面料工艺的借鉴的成功案例首推香云纱，香云纱是我国广东佛山地区的一种传统纱绸面料，也叫"莨纱"，相传明朝时期就在顺德、南海一带开始生产"莨纱"。其制作工艺非常独特，需要在特殊的时间段太阳光的照射下，将含有单宁质的薯莨液汁和当地河涌淤泥涂封在桑蚕丝上面，才能让面料呈现出一面呈蓝黑色，另一面呈棕红色的效果。香云纱在二十世纪四五十年代曾是广东、港澳一带的时髦时装衣料，目前也只有很少几个厂家保存着这一传统工艺。我国著名时装设计师梁子在这种传统工艺的基础上进行了改良，结合现代生活的时尚需求，经过现代化的手段加工处理，设计开发出新的"莨绸"，结束了丝绸五百多年来一直只有黑、棕红色两种颜色的历史，她将新的丝绸运用于现代时装设计获得了巨大成功，为服装界开辟了一个新的里程。

（二）服饰装饰工艺技法的借鉴

民族服饰的装饰工艺多种多样，有缝、绗、绣、抽、钩、剪、贴、缠、拼、扎、包、串、钉、裹、黏合、编等几十种技法。这些装饰工艺都是全手工完成，在各民族服饰上运用非常广泛，有的是在实用的基础上进行装饰，有的就纯粹是为了装饰，体现出一种独特的民族审美情趣。

不管这些装饰工艺技法如何丰富，不同的民族在掌握同一技法上也有粗犷与精细、繁复与简洁之分，在掌握不同技法上也各有所长。有的民族是多种技法综合运用。不同的装饰工艺技法可以表现出不同的装饰效果，就是同样的装饰工艺技法也可以表现出不同的装饰效果。如同样是"平绣"装饰工艺，黔东南施洞苗族人就运用极细的并破成几缕的丝线来表现，四川汶川的羌族人就运用较粗的腈纶线来表现，所以前者风格细腻精致，后者风格粗犷大气。再如同样是用"缠"的装饰技法，在具体运用时，缠的方向、方式方法的不同也会形成不同的装饰效果。还有同样的"缝""绗"，针距的长短、线迹的方向、多少也会呈现不同的装饰效果……我们学习借鉴这些工艺技法，就要在熟练掌握各种装饰工艺的技法特点和表现手段的基础上，突破具体的工艺表象，抽离出其本质精神，运用现代、时尚的服饰语言表达出来。例如，借鉴许多少数民族喜爱的"缠"的工艺技法的时候，要知道各民族缠的方式方法各有不同，我们不能机械地去照搬某一民族的技法，而是要找出"缠"的规律，提取"缠"这种民族装饰工艺所表现出来的精神本质，这种本质即民族的意境内涵，是真正打动人的东西，也是借鉴的最高境界。

这是民族服饰装饰工艺技法的成功借鉴，梁子为了使羌绣技法更加"原汁原味"，她还请来几位四川羌族妇女亲自在她的设计作品上进行手工绣制，将羌绣工艺技法在现代时尚圈内演绎得美轮美奂、淋漓尽致，备受时尚界好评。

综上所述，民族服饰为现代服装设计提供了诸多的设计元素，只要每个有心的设计者创造性地运用传统民族服饰里的设计要素，使服装设计不流于表面而深入民族文化与民族风格的精髓，就能衍生成独特的现代服装设计作品。

第二节　民族风格服饰的设计过程

对于民族风格服装设计来说，资料的准备和收集当然不仅限于民族服饰范畴，青花瓷、古代陶器、青铜器、传统建筑、书法、水墨画、瓦当、剪纸、皮影等都可作为灵感来源。资料的收集和分析方法都是一样的，此处以民族服饰为主来分析讲解。

一、资料收集

（一）民族服饰考察

设计资料的收集与分析离不开实地采风，采风之前必须对我国少数民族分布有一个全面的了解，确定考察的地点，如果没有外出考察条件则可以通过文字资料、图片、影像资料来学习。当然无论是否外出考察，都必须对该民族做相关的文字资料查询准备，这是从宏观上对一个民族的理性认识，了解该民族的人口分布情况，主要聚居地，历史沿革，居住环境，宗教信仰，风俗人情，以及该民族和其他民族的联系和差别，比如与羌族有着族源关系的民族就有十四个之多。实地考察的地点通常要选择最有特色、最典型的地区，最好可以参加当地的民族节庆活动，因为节庆期间可以收集到丰富的民族盛装资料，更直观地感受到民族服饰存在的环境和价值。

实地采风期间，资料收集的方式离不开影像记录，随身带着相机或录像机能在最短的时间记录下珍贵的瞬间，收集资料又快又多；此外还可以当场采用速写或线描绘图的方式记录，可以用笔记录下当时的信息、感受或测绘数据，以便将来使用。通过实地采风，可以让人得到丰富的感性认知。

民族服饰考察的内容不能只停留在服饰的款式和图案上，要更加深入地去分析考察，如要考察一个民族的服饰情况，要了解这个民族有哪几种服饰，每种服饰有何不同，该服饰的着装过程和步骤（包括头发的处理和装扮），服饰材料和工艺情况（主要材料是什么？材料从哪儿来？预先做了哪些加工处理？服饰制作的工艺流程等），服装每部分的尺寸和比例关系（有必要带着软尺测量，用笔记录），服装上的图案名称、形状、寓意和装饰的部位（尽可能拍摄纹样单位完整的图片或手绘），该服饰目前的样子与十年或二十年之前相比，在造型、装饰和工艺上是否有变化？变化在哪些地方？该服饰传承的方式和意义，以及相关习俗和传说（如某些民族要举行成人换装，服饰的改变有其历史渊源和传说）。有必要的话，还可以亲自穿戴民族服装，对进入下一阶段的研究会大有帮助。

（二）民族服饰元素采集与归类

考察一种民族服饰，除了了解其历史沿革、风俗习惯、居住分布特点外，其服装款式、服饰色彩、服装结构、服饰图案及材料、工艺更是考察的重点，要求各种数据细致而真实，比如考察其服饰图案，要找到最有代表性、有特点的图案，理解其纹样构成特征、纹样特色、色彩规律、文化内涵，除了拍摄记录，还有必要进行临摹。对学设计的人来说，临摹看似很简单，其实临摹的过程也是学习的一种方式，临摹可以提高人的理解认识，学会如何欣赏比较。以上这些方式都可以称为民族服饰元素采集。

然后将采集的资料进行归类整理，是为以后查阅、分析研究做的准备工作。通过对民族服饰元素采集与归类，可以体会到民族服饰的个性及魅力所在，提高对民族服饰理性与感性的结合认识，为日后的设计创作打下良好基础。

二、设计定位

什么是"时装"呢？法语中的"时装"一词来源于拉丁语中的 modws（意为举止、衡量），而英语中的"时装"是法语单词 fa con（意为举止、方法）的一种变体。也就是一套包括外表、风格和潮流在内的完整体系，一套用于（自我）展示你是怎样一个人的装备。

当今的时装业极为普遍。绝大多数城市都有时装和服饰的设计和生产，科技的发达、纺织业的繁荣都促进了时装业的革命性的发展，世界各地也都在努力培养时装设计师，以便迎合时装业不同项目、不同的预算开支等。

（一）高级时装

高级时装（haute couture）——高级订制装业，是为上流社会和富有阶层的人群，定制测量、手工缝制、量体定做的，价格昂贵，代表服装市场的顶级服装产品。

"高级时装之父"英国人查尔斯·弗雷德里克·沃斯（Charles Frederick Worth）于1858年开设了世界上第一家以上流的达官贵人为对象的沙龙式高级时装店，成为巴黎高级时装店的奠基人。1868年又建立了高级时装联合会。主要防止服装设计作品被抄袭，确保服装的品质、行业的规范的高标准要求。巴黎高级时装联合会的成员必须严格遵守这些法令。任何加入协会的新时装品牌必须受到严格的审查、批准，才能冠以"高级时装"的商标。如今这些世界著名的服装品牌有：范思哲（Versace）、迪奥（Dior）、纪梵希（Givenchy）、香奈儿（Chanel），浪凡（Lanvin）等。

由于高级时装的价格令人望而却步，使其存在的价值颇具争议。目前高级时装已经让位于高级成衣业，成为高级成衣、香水、服饰品和化妆品宣传促销的手段了，尽管如此，人们仍然会被梦幻般的高级时装作品所折服。

（二）高级成衣

高级成衣（style风格成衣）指已经形成了的时代式样。与高级时装最根本的区别在于：高级成衣的生产是按照纯粹的商业目的、工业设计的原则，不必针对具体的顾客量体裁衣。消费者可以直接根据需求选择适合自己风格的尺寸不同、花色各异的服装。

在服装业中，高级成衣一般被认为具有很强的时尚性，制作工艺精良，有风格，表达一定的设计理念，品质上乘。

最具代表的设计师有卡尔文•克莱恩、玛丽奥•普拉达、川久保玲等。高级成衣品牌不像高级时装品牌那样，设计公司必须位于巴黎，并且每年两次的时装周，他们可以自由选择时装发布会的地点。

三、构思设计

构思是设计的最初阶段，是在寻找设计灵感、寻找素材的过程完成后即刻进入的部分。构思是围绕款式、色彩、面料三要素进行的多方位思考，是非常感性的，开始可能是纷杂的、无序的、非常模糊的，随着构思的深入，思路慢慢变得清晰，进而对穿着效果和成本有了理性的思考。

（一）草图构思与方案确立

在构思过程中，产生的灵感要马上记录下来，可以是草图甚至涂鸦的形式，因为许多灵感只是在脑海中闪现，会瞬间消失。事实上，草图要经过几遍甚至几十遍的筛选，因为最初记录的草图是凌乱的，不完整的，经过比较、选择后才能得到完整的设计。如此经过多次修改后，才能得到较为成熟的构思设计草图。

（二）材料的选择与运用

材料的选择是决定设计成败的关键，因为材料是设计构思的最终载体，其软硬、悬垂等质感因素会影响服装廓形的塑造，其色彩、图案、厚薄等外观因素会影响作品艺术性的表达，而材料的透气、保暖等性能因素将关系到服装的舒适度、可穿性，从而影响服装的实用性和市场营销。例如，硬挺面料便于服装廓形的塑造，丝绸、纱料则容易表现飘逸观感。此外，现代科技发展对服装行业有着极深的影响，对于服装本身而言，主要表现在对天然材料性能的优化和改造，人造服装材料的开发运用以及染色处理上，要使艺术与技术前所未有地结合在一起，如采用新兴的数码印染技术，表现层次丰富、形象逼真的色彩图案。

四、设计方案

设计方案主要包括彩色服装效果图、构思设计说明、黑白平面服装正背面款式图、所需面料小样、细节展示和工艺说明几方面的内容，是设计构思的最终演绎和完美表达。

（一）绘制效果图

从最初灵感闪现的捕捉、想象到设计构思的逐渐成熟，服装效果图是对整个过程最终结果的记录、表达，同时也是对穿着者着装后预想效果的表现。为此，服装效果图在表现包括服装的式样、结构、面料质地、色彩等最基本因素的基础上，还应当根据所设计服装的风格表现出穿着者的个性和着装后的艺术效果。关于人体比例，由于效果图表现的是一种经过艺术处理后的氛围，所以可以采取写实和夸张两种方法，即普通的七头身比例或者夸张的八头身以上的比例。

效果图的表现方法很多，大致有手绘、计算机绘画两种方式。两种方式首先都要基于精练而概括的线描，线描的基本要求是能够准确表现服装的款式造型和必要的内部结构，进一步要求为能够生动地表现衣纹、衣褶的变化，若能根据不同服装面料表现不同的线条风格更佳。手绘的设色可以采用水粉颜料、水彩颜料、色彩铅笔、马克笔等。计算机绘画一般采用 Photoshop、Illustrator 等软件。无论是手绘还是计算机绘画，其设色的主要目的是表现服装材料的色彩和质感，其手法主要有平涂法、省略法、晕染法等。绘制的效果图，服装款式、细节表达要清晰、完美，服装材料的色彩质地表达要准确，以便于制板师了解设计意图，从而准确制板。

（二）绘制款式图

服装款式图是服装的平面展示图，对效果图中模糊的部位能够清晰表现，是对效果图的必要补充，用于制板和指导生产。与服装效果图不同，款式图重点表现款式的外观和细节工艺处理，对生产的指导意义比较强。因此，款式图不绘制人体，只绘制单件服装的正面和背面图，以工整的线描绘制服装的外轮廓、内部构造、细节、零部件等，目的是便于制版师清楚地了解样式，以便打板、制作的顺利进行。

款式图的线条要流畅整洁，各部位比例形态要符合服装的尺寸规格，绘制规范，不上色彩，不表现面料质地，不画阴影、衣纹，没有渲染艺术效果。由于款式图是用于制板和指导生产，所以，除绘制服装款式外，还需要附加设计说明。不同的服装设计对设计说明的要求各异，多用文字表达，叙述设计者对主题的理解、灵感来源、设计理念、对设计意图的具体说明，工艺要点等，包括必要的工艺说明、对板型宽松度的描述，贴面料和辅料小样，标注色号，对配件的选用要求以及装饰方面的具体问题等，最好能提供基本打板尺寸，或者是对适用对象的必要描述，如年龄、使用场合、穿着时间等。这种方式多用于服装比赛设计说明或单件服装设计说明，而针对品牌的宣传，需要以图文并茂的方式表达品牌的设计理念、设计风格等。

第三节　民族风格服饰的创意设计

一、创意设计的概念和特征

在汉语中，"创意"一词有多种含义，有时，它偏重于指代"意念""想法"，有时则表示创造意念、执行意念以及执行意念的全过程。广义的"创意"，是指前所未有的创造性意念；狭义的"创意"是指具体设计作品中完成的形象化了的主题意念。创意具有新奇、惊人、震撼、实效四个特点。"设计"是把一种计划、规划、设想通过视觉的形式传达出来的活动过程。

服装设计就是通过设计方案表现、传达作者的创意构思，这种传达方式往往以服装效果图、服装款式图、板型制图和立体裁剪等形式完成。服装设计也属于产品设计范畴，作为整个产品创造的设计过程，可被分成"分析、创造、实施"三个阶段。具体来说，它包括设计决策阶段，构思创意阶段，设计阶段（款式、结构、色彩、工艺等设计），选择材料、制作样品等阶段。

可见，"创意"与"设计"的关系密不可分，没有创意的设计很难将之称为设计，而没经过设计处理的创意只能存在于头脑之中。可以说，创意设计的过程是浑然一体的，就设计者来说是非常感性的。有了好的创意，便需要借助设计者的理性创造，将意念明朗化、具体化，这就是创意设计。

运用民族服饰要素进行创意设计有两个基本特征：一是创造艺术特征；二是创造商业特征。前者主要表现在对创意服装的设计上；后者表现在对各类实用服饰的设计上，而创造价值是我们最终目的。

民族风格服装的创意设计所关注的是创意的独特性和形式的独创性（独特的造型、独特的材料运用、独特的工艺技术手段等），其重要的特征是不可重复性。创意设计的基本特性是纯艺术的、非功能化的、标新立异的、实验性的，体现了设计师的设计水平。企业推出艺术服装的潜在商业价值在于展示公司实力，强化品牌印象，引导潮流。

实用性的服装则大大区别于创意服装，它的艺术价值是从属于商业价值的，受时尚、市场、经济水平、价值规律等的制约。所以，功能化、时尚化、市场化是其设计的出发点，其目的在于满足市场需求，创造利润。

二、民族风格服饰的创意设计

我国是一个多民族国家，各民族呈大杂居、小聚居态势分布于全国各地。由于各个地区的风俗和地理位置不同，各民族的服装也就呈现出各种不同的风貌和多样性特征。这种多样性特征主要表现在：多样性的款式和造型，形成了各民族独特的穿衣风格和对美的不同追求方式。

（一）借鉴民族服饰文化的表现

对于民族服饰的借鉴，绝不是对该民族传统的造型、色彩、式样表面形式上的模仿，而首先应在对该民族服饰文化精神、文化心理、审美趣味、习俗等进入深入的发掘，进行一种文化精神、艺术精神的体现、升华与创造。只有浸润在民族服饰文化中，去感受、体验、把握民族文化的神韵，才能创造出有意味的，包含着特定民族生活内容、民族情感和民族文化神韵的服饰形式。

作为一个中国人，民族服饰文化的深厚遗产必然产生连我们自己也无法预测的深远影响。作为中国的服装设计师，无论是否提倡"民族化"，其作品本身多少都会带上点"民族味"，这一点是我们无论如何都必须承认的事情。

我国的香港、台湾地区的一些著名设计师，如马伟明、邓达智、刘家强、郑兆良、张天爱、傅子菁、温庆珠、叶珈伶、吕芳智等，早年大都在西方学习过，他们在工作多年后却又纷纷回来探寻自己民族的根，增强自身底气。而随着探索的深入，他们发现，老祖宗留下来的文化遗产是丰富异常的。

作为一个地大物博、历史悠久的东方古国，中国的民族服饰具有极其深厚的文化底蕴和极其广阔的再创造空间，是设计师们取之不尽、用之不竭的创意源泉。在国外的设计大师纷纷向中国文化汲取营养的同时，中国的设计师更应该去发扬本民族的文化精髓，把真正的中国文化带向世界。甚至可以这样说，这是我们中国设计师的责任与义务，同时也正是我们设计生命的源泉所在。举一个例子，日本设计师的设计能够为世界所接受，除了其独具匠心的创作外，其设计中传统元素的魅力更让人不能忘怀，和服的传统造型、精致的刺绣以及包裹造型中蕴含的浓烈的东方风情，在征服了服装界的同时，也征服了世界人民。我国的服装设计师一直在努力走向世界，但是，走向世界绝不是要摒弃自己的东西，而应该将传统元素与现代元素完美结合，如此才能在国际的设计舞台占领一席之地。

（二）借鉴民族服饰造型的表现

民族服饰造型艺术既凝聚着本民族人民喜闻乐见的艺术形式，又蕴藏着丰富的创作经验和技能。只有熟悉并掌握民族服饰造型的创作经验和技巧，才能创造出既具时代感又有民族神韵的时装作品。在借鉴和汲取民族服饰造型的过程中，要抓住部分典型特征，并结合时代流行趋势，而不可全盘照搬。例如，借鉴贵州古董苗铠甲服装造型的设计作品，设计师借鉴了不对称式的造型结构设计，将传统的民族服饰造型艺术与现代设计思想、设计法则相糅合，而非单纯模仿民族服饰外观的东西或形式上的单纯复古，更不是直接的照搬。

（三）借鉴民族服饰色彩的表现

色彩作为少数民族服饰文化的一种表现方式，具有特殊的地位。历史背景、地域条件、人文气息、风俗习惯和文化传统等因素的不同，使得每个民族都有其独一无二的民族风格，而色彩作为一种视觉传达途径，最为直观地表达了各民族独特的民族风格。

分析民族服饰的配色规律，积累前人的配色经验，理解、感悟民族服饰深厚、博大、凝重的色彩文化，并将之巧妙地运用到现代时装设计之中，是研究民族服饰色彩的意义所在。

民族服饰的吸引人之处有很大一部分在于其颜色。除了本民族的宗教信仰、图腾崇拜所形成的习俗外，少数民族传统服饰在用色上基本没有什么禁忌。许多少数民族的传统服饰在用色上都非常大胆，明亮、艳丽和浓烈，甚至是多个或多组高纯度的组合，这样的组合反而给观者独特的视觉冲击力，形成一种别具韵味的美。

云南金平地区的瑶族人喜欢戴红色的头饰，因而被称为"红头瑶"。云南武定地区的彝族妇女和儿童为了辟邪，多在头上和脚上装饰红色的饰物，男子也在民族传统节日中佩戴红色饰物，热烈而又鲜艳。

哈尼族是一个崇尚黑色的民族，男女老幼都穿着黑色衣服，显得非常庄重。此外，苗族人的衣服也以黑色或深蓝色为基调，他们认为黑色易于和其他鲜艳的颜色搭配，因此就是新买回的面料也要用本民族的传统手法将其染黑，由此可见黑色在他们心目中的重要地位。

景颇族妇女的筒裙通常以黑色为底，上织红色图案，并在红色的基调上运用柠檬黄、橙黄、紫、粉紫、玫瑰红、浅蓝、草绿和白色等颜色，织出色彩对比强烈、异常鲜艳的图案。

少数民族传统服饰的色彩是其服饰的一大亮点，有淡雅素丽的，多用蓝、青、黑等色；有浓艳热烈的，多用红、橘红、黄等色；有色彩较少的，只有数种颜色；有色彩较多的，有十多种颜色。黔东南地区苗族盛装服饰的色彩主要以红色为主，其主要图案花纹多用朱红色，其他图案多用浅黄、浅蓝、紫红和玫瑰红等色点缀。云南陇川县阿昌族分支小阿昌花纹图案是在黑色底布下，以红、绿色为主，配以蓝、黄色，色彩鲜艳。如果细细品味，会发现民族传统服饰中对配色相当讲究，并遵循一定的准则，非常具有视觉冲击力和艺术美感。

在设计中，我们可以结合当季的流行色，将这些古拙艳美的色彩大面积运用或点缀在服饰的局部上，使服装既有传统的意蕴，又有时尚的感觉。

（四）借鉴民族服饰图案的表现

图案是服装的重要元素之一，民族服装上的图案往往带有浓烈的民族色彩，可以将其称为民族图案。民族服饰图案变化丰富、式样万千，最容易表达出民族服饰的风采，突出民族文化的神韵，体现各民族人民的审美情趣和审美理想。而民族风格中的装饰纹样，一直是现代时装设计师创作的灵感源泉。民族服饰艺术颇具特色的纹样，以不同方式反映着浓郁的风土人情和精神面貌，是设计者不可多得的财富。

设计时常常会选用民族传统图案的一部分进行夸张、放大，作为整件时装的局部装饰，一些图案和用色被简化、概括，连续纹样的循环单元加大，视觉表达强烈。

同时，在设计中，可以选用富有时代感的面料，配用应季流行的款式。选用具有民族色彩的面料或印花图案时，用西化的裁剪手法，将用于绣花或补贴的民族传统图案尽量抽象化、几何化，使得它们更现代，即用现代的服饰材料改造传统民族服饰的形，用优秀民族服饰的意识来突显现代服饰形所表达的文化特征，使得设计作品充满时尚感。经过设计师提炼后的民族服饰图案，被赋予了现代的意识和色彩。

民族服饰中装饰物的多彩和丰富也是民族服饰图案装饰的又一个亮点。服饰配件也成为时装设计的点睛之笔，影响着整体着装效果。我国各民族服饰的装饰物琳琅满目，有头饰、颈饰、腰饰、臂饰、背饰等，材料也多姿多彩，有金、银、铜、铁、铝，有玉、石、骨、贝，也有珊瑚、珍珠、宝石、羽毛、兽角、花朵、竹圈、木片，甚至昆虫的外壳等，设计师可以从丰富的民族服饰装饰物中收获设计灵感，如将不同材质重组与再造，同样可以提炼应用到现代时装设计之中。

各民族服装差异的表现方式主要是不同装饰的方式。民族服装在服装的装饰方式上各具特色，有的民族服装注重头饰，有的民族服装注重腰饰。在对服装本身的修饰上，有的注重领、袖、门襟、下摆等部位的装饰，有的则注重胸、背、裙身等部位的装饰。

服装的图案与饰品过于繁杂，往往不能成为大众消费品，因此在选择民族图案时，要注重一个"简"字，使民族图案给予现代服装适度的修饰，以呈现秀丽、华贵、高雅等特色，可供在不同的场合使用。将图案用于服装的某些部位，如领部、袖口、门襟、下摆等部位，整件服装以净地为主，局部用图案点缀，染色或原色面料上仅用少量图案，减少单调感，服装上颜色、图案有变化但不凌乱，突出重点，主次分明。

这种装饰方式可以说手法众多，不过在吸纳民族装饰方式的同时，要注重服装纹样的细部构思。服装设计在款式造型上追求简洁明了，在衣、领、袖、肩部、背部、胸部或裙的边部，可镶以几何图案。在纹样处理上可采用一些对称、不对称手法，并运用流畅的线条、强烈的色彩对比，或二方连续的几何纹样相拼艺术，使纹样在服装组合中呈现出鲜明的民族特色与特点。

民族服装的装饰图案与其缓慢的生活节奏有关，穿衣服的人和看衣服的人都有足够的工夫去领略图案细节的妙处，而现在是讲究效率的时代，大部分人都喜欢一目了然，服装的图案越细密，视觉冲击力越差，这不是现代人所欣赏的装饰方法，因此，可以将原有的复杂图案加以简化后使用。譬如一朵精美的"云肩"，几个简洁的月牙形，一个寓意团圆、圆满、如意的圆，都可以扩大在整个前胸或后背，从而体现出一种博大、豪放的风格。

从图案的使用方法可看出，借鉴民族服装的图案时，为了避免图案过于复杂，可注意提取民族服装图案的少量元素来放大使用。为满足一些追求完整、统一美的消费者的需求，在服装设计时可采用一些具有民族特色的图案元素进行上下、左右、前后、内外的整体配合，形成一种整体感。图案可以左右对称，在领口、袖口、下摆、门襟等处重复使用，在上下、前后、内外反复使用，充分体现了统一、和谐之美。

图案与纹样作为少数民族传统服饰的外化语言，是少数民族传统服饰中最为绚烂的亮彩，在它的身上能够折射出各个民族鲜明的民族风格、迥异的审美定式以及不同的表达美的方式。在它的身上，可以看到一个民族的历史传承、宗教信仰、民风民俗以及对美的感知能力。

它是对少数民族传统服饰风格最佳的解读，是各族群众勤劳与智慧的结晶。通过扎染、蜡染、刺绣、镶拼、贴补等工艺手段得到的少数民族图案与纹样，或古朴凝重，或鲜艳热烈，或动感奔放，或宁静内敛，体现了各民族群众不同的生活情趣与韵味。

少数民族传统服饰中的图案与纹样在出现的最初，主要是实用的功能。这些图案纹样大多织绣于服装中最易磨损的部位，如领、袖口、衣襟等处，增加了服装的耐磨性，也起到了保护的作用。后来这些最初简单的图案与纹样渐渐地复杂和完善起来，变成一种装饰，成为少数民族传统服饰中最为亮丽的一笔。图案与纹样无疑在少数民族服饰中占有重要的地位。少数民族传统服饰在结构上的相对简单特性，决定了它对装饰细节的注意。

少数民族服饰传统图案与纹样作为少数民族服饰的一个符号，由点、线、面、体构成，体现了强烈的装饰与审美效果。它们的构成也遵循一定的形式美法则，如对称、对比、统一、均衡等，具有节奏感与韵律感。设计师在进行现代设计时，可以将其打散，将不同的图案进行重新排列与组合，形成所要达到的样式。这其中牵涉对图案与纹样色彩对比的重组，对不同风格的图案与纹样的打散与重新整合，从而达到节奏与韵律完全不同的视觉效果。

少数民族传统服饰图案与纹样或热情浓烈，或洒脱奔放，或淡雅秀丽，或古拙质朴，在艺术与审美上都达到了很高的层次。但同时应看到，传统服饰样式与款式是其最佳的载体，如果将其大面积地应用在现代款式的服装上，则会显得不伦不类。因此，局部的应用不失为一种好的设计方法。图案与纹样用于服装的某些部位，领、袖、衣襟、下摆、胸部和腰部等位置，装饰菱形、三角形、曲线造型的纹样，或将其经过重新设计的特定图案点缀在纯色的面料上，都能得到良好的效果。

此外，在利用图案与纹样进行局部应用时，还要注意线条的流畅与色彩的对比。

少数民族传统服饰的发展有其特定的时代背景与社会经济文化条件，在这样的背景和条件下，妇女花费几个月或者几年的时间，制作一件衣服都是正常不过的事情，因此很多图案与纹样都是非常繁复与精致的，其中很多带给我们的都是外向而直观的视觉冲击。现代服装设计一般都较为简洁，更注重含蓄与内敛的韵味。因此，将少数民族传统服饰中的图案与纹样进行一定的简化，给予其适当的修饰，也是设计的一种方法。

（五）借鉴民族服饰工艺的表现

由于少数民族服饰式样和裁剪相对程式化，装饰就成为少数民族服饰艺术的重要表现手段。除了图案外，各式各样的传统工艺，如刺绣、镶边、扎染、蜡染、钉珠等传统装饰手法，再与图案、材料、色彩相结合，成为少数民族服饰装饰表达的重要手段之一。民族服饰传统工艺历史悠久、手法精湛，不仅具有很强的实用性，而且具有较高的艺术价值，这些工艺被广泛地运用到时装中。

除此之外，挖掘民族面料技艺也是现代时装设计的一个切入点。被誉为日本纤维艺术界"鬼才"的新井淳一先生，作为国际著名的染织设计大师、英国皇家工艺协会唯一的亚裔会员，他在运用最前沿技术进行创作的同时，注重对传统工艺的研究和继承，坚持传统技法与最新技术结合的理念。20 世纪 70 年代至 80 年代，他为多位日本著名服装设计师设计的诸多新面料在国际上产生了巨大反响。近年来他开发的阻燃型金属面料、阻电波新型化纤面料以及光触媒金属面料等都代表着日本最前沿的技术。

日本著名设计师三宅一生的作品将时尚新型材料和肌理效果与日本民族服饰相结合，形成独特的时装设计风格，向世界展现了民族服饰工艺的魅力。

东北虎首席设计师张志峰和他的东北虎（NE·TIGER）品牌一直致力于创建中国的奢侈品品牌，他要将东北虎打造成为皮草、晚装、婚礼服和高级定制华服的国际顶级时尚品牌。坚持以文化感、民族感、历史感和时尚感为追求方向，呈现出全球化与民族性融合的时代特征，反映中国传统服饰文化和传统绝技的复兴。

类似满族旗袍上中国结的盘扣工艺，也是国内中式服装各大品牌所热衷的民族元素，利用现代设计手段对民族题材和元素加以符合时尚审美理念的再表达，对民族因素进行符合民众心理和设计师审美意趣的再演绎，是对流行文化和民族传统的再发展。

在民族主题的设计表现上，需要在表达形式上下足功夫，以准确地表达其内涵求得"形神兼备"。

民族传统服饰艺术的意境在于朴素而超脱、精致而含蓄。传统民族服饰理念可以作为传统与时尚美学的契合点，在民族主题设计中得以充分发挥。就一件服装艺术作品而言，设计的成功与否关键是作品的完美程度，设计师需要对服饰诸多要素熟练把握并融会贯通，在创作时既要注意感性运用，又要在胸有成竹的基础上建立其随心所欲的"知性理解"。因此，在对民族服饰元素"知性理解"的前提下，通过时尚的设计手法，诠释民族服饰独特的结构以及丰富的色彩、图案、材料及工艺特点。

民族手工艺是展现民族服装特色的重要手段，这些手工艺方式有的直接用于面料或服装加工，如扎染、蜡染、抽纱、刺绣、雕花等工艺，有的则以面料、服装之外的饰品、配件形式存在，起到展现民族特色、修饰服装的作用。

这些优秀的民族手工艺，目前在一些服装上虽有应用，但用量较少，关键在于手工加工分量大，加工成本高，但如果充分开发手工艺精华之作，用于高档服装，则具有独一无二的特点，不仅可以丰富现代服装服饰，而且可以为服装业创造一定的经济效益。另外，采用现代高科技手段替代手工加工，如利用电脑绣花进行机械刺绣，在面料上进行仿挑花、打籽等刺绣效果印染等加工方法，可节省时间，降低成本，也可在面料上进行刺绣图案数码印花，非常容易进行个性化设计。水晶烫片已发展得非常成熟，可以快速地将设计图案实现在面料上，形成华丽的珠串效果。将这些机械化生产的仿民族手工艺方式用于现代服装，同样能体现民族手工艺对现代服装服饰的贡献。

总的来说，时装的民族主题设计虽经过许多设计师反复争论、切磋，但其发展的总趋势是极度表面化的民族特征的设计越来越少，而体现民族文化内涵以及表现时装中多民族元素的融合更为多见，这使得现代时装艺术最终保持了生命力并实现了存在价值，即继承民族传统，不能生搬硬套、拘泥成规，又合理取舍，融入时代气息。在民族主题的时装设计中，诸多元素的整合运用只是流行的异化手段。最基本的设计要求是流行性，而最终的设计目的是商品性。

第四节　民族风格服饰设计的创新手法

一、相似联想

联想法主要是指由某一事物想到另一事物而产生认识的心理过程，或者是由当前看到的服装形态、色彩、面料、造型或图案的内容回想到过去的旧事物或预见到未来新事物的过程。

在服装设计中，联想不仅能够挖掘设计者潜在的思维，而且能够扩展、丰富我们的知识结构，最终取得创造性的成果。联想的表现形式较多，有相似联想、相关联想和相反联想，它们都可以使设计者从不同方向来审视服装与服装之间的关联性和新的组合关系。

相似联想也称类似联想，是指由事物或形态间的相似、相近结构关系而形成的联想思维模式。相似联想又可以分为形与形的联想、意与意的联想：

（一）形与形的联想

是指两种或两种以上的事物在外形上或结构上有着相似的形态，这种相似的因素有利于引发外形与事物之间的联想，有利于引发想象的延伸和连接，有利于创造出新的形态或者结构，并赋予其新的意蕴。在进行服装设计的过程中，形与形的联想要抓住事物的共同点，即"形似"，利用事物的形似进行创意设计，这种方法对现代服装设计创意与表现具有重要的启示作用和应用价值。

（二）意与意的联想

意与意的联想指两种或两种以上的事物虽然属性不同、结构不同、形态也不同，但却呈现出一定的相似意蕴。通俗话叫神似，感觉上是接近的、一致的。这种感觉是多方面的，包括视觉、嗅觉、味觉、触觉所感受到的效果，也可以是综合感觉出的效果。服装设计中，运用意与意的联想来表达创意的方法，也是经常用到的，它对揭示设计主题并发掘其内涵具有重要的作用和意义。

二、造型再创造

民族服饰之美，也充分体现在造型上，传统民族服饰大多保持了款式繁多、色彩夺目、图案古朴、工艺精美的鲜明特点。在现代服装设计中，对民族服饰造型再创造最能有效地体现民族风格服饰的创新性。造型再创造可以从三方面入手。

（一）轮廓再创造

服装流行的演变最明显的特点就是廓形的演变，服装的廓形是指服装外部造型的大致轮廓，是服装造型的剪影和给人的总体印象，廓形上的改变再造最能给人耳目一新的感觉。常有的服装基本形态有 H 型、A 型、Y 型、X 型、O 型、T 型。民族服饰的廓形通常是使用多种形态进行搭配组合，它的式样繁多，借鉴它多变的轮廓外形，可运用空间坐标法再创造：在已有的民族服饰廓形中，选取一两个符合现代审美的廓形，移动人体各部位所对应的服装坐标点——颈侧点、肩缝点、腰侧点、衣摆侧点、袖肘点、袖口点、脚口点等，通过移动人体关键部位点，使原有廓形产生空间新的变化，得到新的服装廓形。

南方有些少数民族盛装时穿的服饰多为无领大襟衫或对襟衣，着百褶裙，围花腰围裙，腿部扎绑腿，这类民族服饰的服装廓形多为 A 型和 X 型。

在移动坐标点时注意服装廓形变化可依附人体形态进行变化，比如肩部的坦和耸、平和圆，胸和臀部的松散和收紧，都需要结合人体结构，穿着在人体上要舒适。腰的变化比肩部要更丰富，可根据服装的风格来设计，腰的松紧与腰带的高低都要符合服装的整体风格。比如，束紧的腰部使身体显得纤细；轻柔、松散的腰部，则显得自由休闲。服装腰节线高于人体腰节，显得人体修长柔美；与人体腰节持平，使人整体看上去自然端庄；而低于人体腰节，则给人轻松、随意的感觉。

（二）结构再创造

服装款式是由服装轮廓线以及塑形结构线和零部件边缘形状共同组成，因而服装结构设计也称为服装的造型设计，它包括服装衣领、口袋等零部件以及衣片上的分割线、省道、褶等结构。民族服饰本身造型多样，可以运用结构再创造法，使原始的服装结构设计中的细节造型位置变化，以及工艺手段变化产生全新的服装效果。具体的方法有两种：变形法、移位法。

变形法是对服装内部结构的形状做符合设计意图的变化处理，而不改变服装原来的廓形，具体的方法可以用挤压、拉伸、扭转、折叠等对服装结构的形状进行改变，如三宅一生经典褶皱裙，运用挤压折叠面料，抽紧后形成褶皱，用不同的工艺手段表现服装材料的质感，当然其他方式的运用同样可以产生让人耳目一新的效果。

移位法指的是把服装局部细节在保留其原有造型的条件下，将其移动到新的位置上，位置的高低、前后、左右、正斜、里外的变化会产生不同的服装效果，使用这种方法重新构成的服装往往有出人意料的效果，服装显得巧妙，而具有独特有的风格魅力。

第八章　传统服饰元素在现代服饰设计中的应用

第一节　传承传统服饰元素的现实意义

一、吸收民族文化特色，重拾服饰文化精神

每一个民族的文化都经过了起源、发展到稳定的、历经多年的沉淀过程，是民族文化的自身积累与外来文化的融合才发展到今天的面貌。每个民族的文化在历史上都是独一无二的，它们背后所包含的丰富的文化，既是人类智慧的汇集，也是各历史时期审美意识的结晶。传统服饰文化从诞生至今，为我们积累了很多资源以及经验。传统服饰的款式、色彩、面料、工艺等方面，每一个细节都值得我们去细细体会，值得我们深入学习和研究。

民族服饰文化所蕴含的精神是世界服饰文化中不可或缺的部分，它是人类用精神才智通过各种物质所创造出来的，是人类改造物质世界行为的有机构成部分。服饰文化不仅是人类生产活动的产物，更是人类精神活动的产物。物质是精神的基础，民族服饰的文化性是建立在其物质性之上的，它既满足了人类对自然生存的基本需求，也满足了人类文化的精神需求，既协调了人与自然的关系，也实现了服饰对于人类精神文明世界的内在驱动。

传承中国传统服饰元素，这不仅是对当代中国服装行业发展提出的新要求，更是对传统服饰文化的尊重与敬仰。设计出适应现代服饰文化和符合经济发展趋势，并且具有自身独特魅力和性格的中国风格服装，是中国服装界以及中国服装设计师们的一项艰巨而长期的课题。民族文化是一个民族的根本，失去根本的民族是无法发展壮大的，就如一棵失去根系的树是无法矗立和生存的。相反的，如果一个民族拥有强大的文化根基，并且能吸收现代文明中的各种养分，这个民族才能稳固地站立，并且健康茁壮地发展。因此，在进行现代服装设计时，要吸收传统民族服饰文化的养分，加强对传统服饰文化的传承。只有吸收民族文化特色，重拾服饰文化精神，才能使中国服饰的发展之路走得更加的长远。

二、发掘传统服饰内涵，建立民族服装体系

如今，正处在一个从传统形态走向现代文明的过程中，传统服饰的发展无论是在理论上，还是市场方面都得到了很大的发展。随着社会现代文明进程的逐步提高，人们所接收到的各方面信息比以往更加的广泛。因此，在竞争激烈的服装市场中，只有建立自己独特风格的民族服装品牌，才能吸引现代人们的注意，才能打好在世界服装

界中立足的基础。

市场是实现民族文化传承的一个重要环节，是我国民族服装品牌走向世界的平台，因此，完整的民族服装体系是开拓市场的重要保证。一套完整的体系对每个环节都十分重视，从服装的制作生产到宣传销售的每个细节，与市场开发的成功与否是密不可分的。一个成功的民族服装体系，不仅对传统服饰文化内涵有自己独到的见解，并将这种见解融入品牌设计风格中，而且，它在生产方式与经营模式上应该有一个完整的、成熟的制度。

21世纪是网络空间快速发展的时代，以传统民族元素为灵感来源的网络店铺品牌"裂帛"为我们提供了民族服装发展的新模式。"裂帛"以改良的民族元素为其主要设计元素，裂帛的主要品牌风格是将少数民族的色彩以及工艺进行延伸，丰富的纹样和独特的工艺都是它的表达方式。裂帛以其大胆、新颖、独创的设计，既民族又时尚的风格吸引了大量的消费者。

在竞争激烈的市场环境中，传统的实体店发展已经趋于成熟，初生品牌想要获得迅速发展绝非易事。因此，裂帛选择将自己的品牌以网络店铺作为主要的销售手段。

它通过网络搭建了一条原创品牌的个性化之路，网络不受时间、地域限制的特点，使其品牌的培育期大幅缩短，对品牌的成长起到了良好的推进效果。因此，一个只对设计环节重视而忽略商业化体系的品牌，即使设计出再完美的作品，最终也会因为缺乏商业标准制度而难以长久生存，只有深入发掘传统服饰内涵，建立合理的民族服装完整的体系制度，才是民族服饰风格走向未来的最重要的保障。

三、传播中国传统文化，打造中国服饰品牌

要打造具有国际影响力的中国传统服饰品牌，提升中国民族服饰的知名度，使中国服饰品牌具备强大的国际竞争力，这就离不开对民族服饰品牌的宣传力度和宣传广度。

从这点可以看出，宣传传播对民族知名度的打造起到了很大的推进作用。例如，我们经常可以看到各类时装杂志对国外时装品牌的宣传推广。而国内的时装杂志则很少看到有与民族服饰品牌相关的内容，纵观我国服装业近几十年来的发展状况，我们可以看到中国是服装的制造大国，却不是民族服饰品牌强国，中国是世界服装的加工厂，但是民族服饰品牌所具备的国际影响力并不大。随着品牌效应的影响逐渐深入人心，品牌是走向国际市场的工具，民族服饰品牌想要占领更多的市场生存空间，就需要不断地加强品牌建设，提升产品设计内涵，提高产品质量，再借以媒介、网络的宣传等手段从而扩大品牌的国际影响力。

第二节　传统服饰元素在现代服饰设计中的创新性应用

一、对传统服饰元素的借鉴

中国传统服饰文化内容丰富多彩，在进行现代服装设计时，传统服饰元素是现代设计师取之不尽、用之不竭的灵感来源。在中国传统文化的思想影响下，传统服饰中所体现的形式美、意境美，在现代服装设计过程中，可从对传统服饰元素"形"的借鉴和"意"的借鉴中引发出创造灵感，创造出具有民族特色的服装艺术设计作品。

（一）"形"的借鉴

对传统服饰元素"形"的借鉴，主要包括对传统服饰中色彩形态、造型形态、图案形态以及工艺形态的创新性运用。传统服饰元素中"形"的元素，被大量融入在当代服装设计中。现代服装中所运用的传统元素，也逐渐摆脱了陈旧而古板的传统形象，而是联合了西方风格的服饰设计风格，再融入中国传统服饰中"形"的元素，产生一种中西结合之美感。对传统元素中"形"的要素的结合使用，不仅丰富了当代服装设计的表达语言，也使传统文化得到了传承和发展。当代服装设计师需要深入研究传统服饰"形"的元素，探索其在当代服装设计中的运用方式，使中国传统服饰元素得以发扬光大。

1.对传统服饰色彩形态的借鉴创新

传统服饰色彩是一个民族的意识形态在色彩当中的表现，是中国传统色彩的重要构成部分。色彩从某种意义上说，象征着一个民族的精神形态、文化生活和这个民族的审美意识形态。

在现代色彩学中，通过人对不同色彩的不同的视觉感受，以及不同色彩所带来的心理感受，将色彩分为冷暖、软硬、进退、轻重等多种类别，不同的颜色具有不同的形态和感受。即使是服装材料及款式相同的情况下，运用不同的色彩时，服装穿着在人体身上也会产生截然不同的感觉。服装色彩的象征意义在现代服饰中已经趋于弱化，人们可以自由随心的搭配自己喜欢的颜色，但是传统服饰的色彩，还是可以应用到现代服装设计中，只是加入了更多的现代审美意识，更符合现代人的审美观。在借鉴传统服饰色彩的时候，可以依据每季的流行色趋势，选择性的提取传统服饰的色彩，依据色彩搭配原理，与流行色彩搭配使用，设计出纯粹又不失时尚的传统服饰风格服装。

服装色彩与服装风格的表现密切相关，服装的风格包括古典风格、民族风格、浪漫风格、休闲风格、前卫风格等，不同的服装风格在色彩的表达上也独具特色。针对传统服饰色彩的借鉴，可创作出极具异域情调的民族风格服装。民族风格服装是指吸收并借鉴东西方民族传统文化的艺术元素与精髓，通过视觉服饰形象，反映民族与世界、传统与时尚、带有传统服饰元素并充满复古气息的服饰。它所使用的色彩常比较浓烈，如红黄紫等对比较强烈的色调，红色代表对太阳的崇拜，象征着勇敢与热情，黄色代表神圣和富贵，紫色代表古艳和厚重，民族服饰的色彩常以这些鲜艳强烈、斑斓富丽、绚丽多彩的色调为主。

　　安娜苏（Anna Sui）是著名的华裔设计师，她的服装设计作品（图 8-1），常用强烈的色彩对比和丰富的服饰搭配，组合出具有民族风味的服装风格，丰富的色彩搭配使她的服装极具迷惑力，在视觉上给人带来巨大的冲击和震撼。橙红色与紫红色的搭配，蓝色与红色相间的点缀，暗红色与紫色的相融，色彩经她的搭配设计和组合后，散发奇异的光彩，因而安娜苏被时尚界评论为"时尚界的魔术师"。

图 8-1　安娜苏作品

2.对传统服饰造型形态的借鉴创新

　　中国传统服饰在造型上多属于平面结构，主要采用直线裁剪，具有平面化结构的特色。服装的结构基本上以平面型裁片为组成部分，主要用这种平面的形态来适应人体的构造。造型结构主要表现为衣片平直、相连，无省道。例如，深衣、交领、右衽、旗袍等都具有传统服饰造型特色。传统服饰造型形态包括整体的外轮廓造型，以及各个局部包含领型、襟线、袖型、摆线、褶裥等的形态造型。传统服饰的造型形态结构拥有独特的功能性、审美性，这些特性也常在如今的服装艺术设计中获得借鉴使用，在服装的整体上体现出其宽松、舒适的特性。

　　对传统服饰造型形态的借鉴创新，首先，可从传统服饰整体外轮廓上进行创新。可以借用这些结构使服装线条简练、飘逸、流畅，表现一种自然和谐的韵味。传统服饰宽松适体的造型吸引了很多西方服装设计师，仔细研究西方近代服装的发展，会发现西方的服装设计大师们很多服装外轮廓的灵感都来源于中国传统的宽衣大袍。传统服饰朴素、亲切、流畅的外轮廓形象，与现代人对自由、健康、舒适的追求不谋而合。这种以直线型为主、简洁明了的服装外轮廓，与现代服装设计相结合时，衬托现代人个性风格的同时，也赋予了传统服饰造型新的审美。这种无结构形式的外轮廓，虽然和人体的形态不相吻合，但是却通过这种宽大的衣身形式，形成服装内部宽大的空间，模糊了人与服饰、自然之间的关系，将传统文化中重伦理、道德的博大精神内涵融入于服装的形式之中。

其次，可从传统服饰局部的造型特点上进行创新。在运用传统服饰造型形态时，设计师需要仔细解析其造型上的特点，以及具体细节处理上所使用的技巧。拆开并重组所构成款式造型的各项元素，结合现代时尚潮流以及时代特征，使它们能适应新时期的新要求，从而在现代时装舞台上重焕光芒。传统服饰局部造型也包含多种形式，领型主要有交领、直领、圆领、立领等形式，袖型主要有琵琶袖、窄袖、长袖、马蹄袖等形式，襟线有斜襟、对襟、琵琶襟、一字襟等，摆线包括要裾、缺鹘等经典的摆式。

3.对传统服饰图案形态的借鉴创新

中国传统服饰图案是国内外服装设计师们所喜爱表现的元素之一，他们将传统图案与现代元素进行整合，设计出极具东方情调的服装，给服装带来了无限的创意。例如，著名的前迪奥设计师约翰•加里亚诺（John Galliano），在他的设计作品里，常常可以看到东西方服饰文化的交融，他也常将中国的传统服饰元素体现在他的设计创作中。

在现代设计中若直接将传统图案运用在服装上难免会显得太过于俗气，但是通过改良设计，加入一些现代设计手法和新鲜创意，就能对传统风格的现代服装起到很好的烘托作用。对传统服饰图案形态在当代服装中的借鉴运用和创新，首先，要考虑图案与服装的整体关系，遵循视觉上的舒适性。图案在服装上能装饰的部位很多，如领口、袖、肩、前胸、后背、腰部、下摆等，要寻找图案与服装整体之间的关系，通过图案的选择与服装各部位位置的选择和组合，使图案与服装融为一体。

其次，要考虑图案与穿着人的关系，遵循人们的心理习惯。因为不同图案的装饰会形成的精神风貌和视觉效果不同，使人产生不一样的心理感受和审美评价，例如，先人们创造的许多吉祥如意、驱邪除秽的图案，意味着人们对美好人生的向往；"梅兰竹菊"四君子组合图案，常被用来象征坚贞、高洁情操。

最后，要考虑图案与现代多元化的融合，传统图案多是颜色对比强烈，形式构成多为单独纹样、连续纹样，与现代服装色彩的多色相、多明度和多纯度，以及现代服装风格多元化的要求有不一致之处。

因此，在结合传统服饰图案进行设计时，我们可以充分运用重复、渐变、对比等形式美法则，通过对图案在服装中的位置、大小、疏密、方向等所形成的点、线、面、体，与服装的造型、结构、面料等完美地融合在一起，使传统服饰图案也向多元化发展，以适应现代服饰多元化的需求。

4.对传统服饰工艺形态的借鉴创新

传统服饰工艺是当代服装设计中使用的重要表现手段之一。它经过多年的演变，以其风格各异和灵巧多变的形象出现在服装设计当中，与服装的外形款式与面料的色彩相互衬托与呼应，起到画龙点睛的作用。蜡染、刺绣、扎染等传统工艺方式在现代设计中也得到了充分的改造利用。让这些拥有悠久历史的传统手工艺，通过其独特的工艺和丰富的内涵，给服装增添了雅致和复古。

在当代服装设计中融入传统的手工艺技术，首先，可弥补服装机械化大生产的弊端，弥补机械化生产所无法达到的自然、柔软、亲切。其次，传统手工艺的融入，增加了服装所具备的附加价值，传统手工艺是创造者一丝一毫、一针一线所勾勒出来的，融入了创造者大量的时间、心血和情感，这些附加值使之更加弥足珍贵。在国内外许多的服装设计作品中，都采用了诸如刺绣、印花、印染、镶边等中国传统手工艺，得以实现当代的时尚服装与传统手工艺形态的融合，从而提高服装的内涵和附加值。

对传统服饰工艺形态的借鉴创新，首先，可在服装整体中运用传统工艺。彼得·皮洛托（Peter Pilotto）的设计师们在设计作品中大量运用中国传统染布工艺，将中国传统扎染工艺所特有的晕染、渐变效果与服装的褶皱、面料的肌理和图案巧妙地结合，在现代艺术和传统工艺手法结合运用下，制造出大自然光与色相互交织的幻境，使传统扎染工艺与现代服装完美结合。

其次，可在服装局部中作为点缀使用传统工艺。例如，将中国传统服饰中精致的刺绣工艺、镶珠等形式，表现在服装的细节部位，如领口、肩部、袖口、口袋等部位，使传统工艺点缀在服装中，与服装整体风格保持统一，让传统工艺在现代时尚中重新获得活力。

（二）"意"的借鉴

1.意境的概念

两千多年前，就有了关于"意境"概念的相关解说，它形成和发展已有了很长的历史。早在《易传》中就记载了"意"与"象"，有了关于"意境"的解说。作为意境美学的核心概念，意境是思想与美的和谐统一体，是外在美与内在主观思想的结合。大部分学者认为，意境是一种主观印像。其本质内容是主观思想、社会文化思想以及美的意象，它不存在与事物中，只存在于观测者的思维中。伴随社会的不断发展和时代的不断变迁，关于意境的理论也逐渐完善和发展。

学者宗白华将意境的理论进一步地深入挖掘，并构建了一个整体的意境理论体系。

他的意境理论体系以中西哲学文化艺术等方面的知识为理论基础，通过将中西方文化的融会贯通，构成了其意境理论的知识结构，包括外部的宏观结构和内部的层次结构。

他定义的外部结构主要包括功利境界、伦理境界、政治境界、学术境界、宗教境界五种境界，这五种境界分别主利、爱、权、真、神；他将艺术的意境与人和世界所形成的几层境界相并列，不仅使人们了解到意境的外部结构，也使得对意境的认识更加全面和完整；他将深层的内部结构，展示了其从浅到深、从表到里的多层次的理解，包括意境是情与景相融的结晶，是一个人心灵最深的反应，以及意境这三个层次；他认为人格的涵养以及心灵的宁静是意境产生的关键因素之一，"心源"是意境诞生的源泉，同时，意境又对心灵的净化、深化起到反作用力。

服装设计发展至今天，已经从最初的重视功能的初级阶段，发展至追求更深层次的文化和精神阶段，意境美学由此而成为一门独特的艺术，进而形成了中国独有的意境美学。意境根植于民族文化的艺术理论，当代中国，对于意境的研究和探讨已经不仅限于诗词、书画、戏曲等研究层次，不局限于单纯的意境创造和鉴赏的角度，更多的是站在了民族文化的高度之上，包含一切美的物质，成为中国艺术理论中灿烂的一章。现代服装艺术设计从借鉴意境的方式而发展服装，是中国服装设计的一条成功之路。

2.传统服饰中的"意"

服饰中的意境是指设计者通过服装传达给观者，并且能最终成为观者所能感知到的主观印象。中国传统服饰历经上千年的发展，是在儒家、道家思想相辅相成下形成的中华服饰文化的结晶。中国传统服饰所承载的文化，包括传统国学中儒家思想、道家思想，孔孟之道对传统服饰文化的影响是深远的，使得传统服饰的特征更加趋于稳定和完善，显示出独特的民族本性，以及厚重的文化内涵。

中国传统文化的思想观念体系是建立在"天人合一"的哲学思想上，作为影响中国人世界观、人生价值观的重要因素，它主要强调人与自然的和谐统一。"天人合一"的思想体系由儒、佛、道三家构建而成。从孔子的"仁者爱人"思想，到老庄的"道法自然"思想，可以看出，"天人合一"的思想观念注重思想上的主张，讲究人在自然、淡泊、无为的环境当中，找到最为自然的状态。"天人合一"的思想观念在很大程度上也影响了中国人的艺术审美观。例如，中国传统服装的平面结构特点，将衣片展开平铺后，呈现出平面的"十"字结构形式。而这种平面结构的服装就是为追求一种和谐、自然的状态，直线裁剪出来的宽衣大袍，将宽松的服装穿着在人的身上，使人体自在舒适，完成无生命与有生命的自然对象的完美融合，从而实现和谐统一的意境。

传统服饰在这些思想的影响下，显示出了其含蓄、自由、稳重的特性，注重内在的品格美和道德美，整体上追求气韵和意境的营造，并且讲究气韵生动、虚实相生的观感，具有抽象写意的特征。中国传统服饰文化所包含的精神，就是到达一种服装与自然、服装与人的统一和融洽的状态，这种精髓也是我们进行现代服装设计时所追寻的。艺术作品的意境创造方式虽然形式不尽相同，但都是依托虚实相生、动静相宜、形神相似等既对立又统一的辩证思想形成的。

3.对传统服饰"意"的借鉴

在当代的服装设计中，设计师经过对传统文化知识的积累、感悟，深入了解服装意境的思想内涵，然后通过后期的整理和制作，用一定的意境艺术表现手法，将服饰中的意境从思想转变为现实。使用传统服饰元素作为设计题材时，不能生搬硬套地使用各种元素，把握住中国传统服饰的意境是十分重要的。而对传统服饰"意"的借鉴，需要建立在对传统服饰文化理解之上。了解其丰富的文化内涵，站在民族文化的高度，结合一切美的艺术，使服装设计作品形成中国独有的意境美。现代快节奏生活的喧哗、浮躁，使现代人更加向往宁静、自然的生活，传统服饰以它含蓄自由的内在精神意境更容易触动现代人的内心。所以，当代的服装设计师要深入了解中国传统服饰文化，发掘其背后所包含的潜在精神内涵，将新的设计元素与传统文化所蕴含的意境相融会，把握住在整体的意境下人体与服装、人体与环境的和谐关系。

虚实相生的形式。虚中有实、实中有虚，服装中的意境创作可以采用虚实相生的创作形式。人体与服装之间相互依托，产生直观的、具象的形态，并承载和传达了服装设计师自身的思想理念，展现给人实在的美感。而服装设计师通过采用朦胧、模糊、神秘等虚空的艺术表现手法，留给观者宽阔的想象和思考空间，使观者能直观感受到服装与人体之间形成的具象的美感，另外，这种留白的、虚空的形式，也让观者在想象中使服装得到了再生。

动静相宜的形式。"静而与阴同德，动而与阳同波"（《庄子•刻意》）。庄子将其动精神生命体融于自然的旋律之中，认为其精神生命体与自然有着密切的关系，视为动与静的辩证过程。服装穿着于静止未动的人体上时，所展现的是一种静态的意境；而当人体运动起来，服装随风飘起，使服装在动与静中得到转换。"坐时衣带萦纤草，行即裙裾扫落梅"，古人描写出了一种服装在动静相宜的转化中所传达出的意境。另外，服装与环境的互动中也能形成动，在现代服装的艺术表达中，在灯光、音乐以及舞台背景等现代效果的烘托之下，为服装意境的营造锦上添花，尤其当服装穿着在服装模特身上，走在 T 台上时，对服装的诠释达到了较为理想的效果。随着现代科技的不断发展，使舞台的艺术效果得以丰富多彩，动态的灯光、背景等高科技的运用，为服装意境的创造加入了新的元素。

形神相通的形式。"形"包括服装的外形、结构、材质、色彩等形象，"神"包括设计师通过服装所传达的思想以及美。形与神的变化相通使服装展现了强大的生命力以及丰富的表现形式。传统服饰元素以及现代艺术表现手法为服装意境的创造提供了丰富的变化空间。服装的各个形式要素具备独立的性质，但是将各元素组合起来时不能仅限于各要素，它们之间的组合将会产生新的性质。对于服装形象构成材料的加工、提炼和重组，既要符合特定的条理和秩序，也要迎合服装意境表达的需要，使各个元素之间的联系到达和谐统一的效果，使得服装与意境能形成统一的一个整体。

对于服装意境的创造不能固守传统，不能简单地进行模仿，而要将传统文化丰富内涵与当代的社会文化相适应，巧妙地与现代价值观念相结合，从而体现中国传统文化的时代精神。设计师需要重新思考古人的生活哲学以及生活价值观念，深入体会古人自然豁达的修身养性的生活方式，这种生活方式是我们现代人最为渴望的，也是当代服装设计中，需要体现的传统服饰所包含的"意境"特色。随着社会的发展，服装意境的创造也应随着社会发展变化而创新。服装设计师需要通过自身对传统文化的积累与深入理解，对传统文化有自己的感悟，才能将意境那种虚实相生、动静相宜、形神相通的特点灵活借鉴在服装中创作。

国内设计师薄涛以水墨丹青为灵感，创造性地将水墨与织物巧妙融合，写意山水画、泼墨的花鸟、灵动的墨梅等水墨画在服装上不仅显示出动感和精巧，也将大师们在设计时候所寻找的意境充分地体现了出来。被时尚界誉为"服装意境大师"的三宅一生（Issey Miyake），从自然界中找寻灵感是他最为拿手的，他充分运用天然的纤维织物，将其制作成凹凸细密的独特效果。他在设计构思中常常寻求逆向思维，在禅宗思想的影响下，他寻求无结构的模式设计，在看似无形中却疏而不散，表现出玄妙的东方禅意文化的神奇魅力。

二、与西方设计理念的结合运用

（一）东西方服饰文化的差异

服装这门艺术，不但受到社会、政治、经济环境以及历史文化等因素的影响，还受到地域、气候、自然环境等的影响。在漫长的历史文化进程中，不同地域的服饰文化在不断地继承和发展中，形成了各自不同的服饰文化特色。地域性的差别，以及不同的历史时期所拥有的不同的特点，为服饰文化的形成，提供了各自特别的发展环境背景，这也是导致东西方服饰文化存在差异的重要原因之一。

研究东西方服饰的特点，我们很容易看出，中国服饰文化主要侧重表现为：中国传统服饰注重内在的精神内涵，充分运用艺术造型等方式创造出一种装饰美，超越了表象的形体而到达一种精神上的境界。它侧重展示出人的外在精神面貌以及人的内在精神气质。表现出平面的、宽松的、自由的以上下联署为主要结构的服装风格，展现出一种含蓄的、隐约之美的风格特点，能从中体会出婉转含蓄的美的感觉。

而西方服饰形态因为受到西方文化的影响，比较侧重于对自我价值的肯定。表现出张扬的个性，从而得到他人的认同，其在塑型美学的观念下形成了服装立体裁剪的形式，强调与环境的对比以及造型的变化，这种重视服饰形态美的观念，使服饰外在形态必须为突显人体美而服务。其夸大对人体形态展示的服装造型特点，使人和自然环境之间，以及人与人形成间隔，充分展示人体凹凸有致的曲线变化，展现出以立体的、修身的、能体现身体曲线美的主要服装风格，讲究造型美、对比美，带给人直白鲜明的审美感受。

由于东西方哲学思想思考方式的不同，形成了思想上的差异，进而发展成了这种各自不同的服饰设计理念。通过比较东西方服饰文化以及造型形态的特征，可以看出东西方服饰的差异性，不仅体现在服饰文化上，服饰造型上也都有着不同之处。中国传统服饰文化注重统一协调，强调以直线裁剪为主的设计技法，服装常使用清雅温和的颜色，以及细腻精致的面料纹样。西方服饰文化则注重不对称性、非协调性的表现形式，寻求服饰外在形态所带来的视觉感，颜色丰富多彩，讲究各元素之间的对比。当代服装设计师应对东西方服饰文化之间的差异进行对比分析，进而使其能相互交融，设计出符合时代特征的服饰造型设计。

（二）东西方服饰文化的相融

东西方服饰文化分别是两种文化的不同反应，呈现出各自不同的服饰文化特征。但是在中国几千年的历史渊源与文化沉淀，以及西方文化历史悠久的传统和演变过程中，其各自的服饰文化特色都深受影响，东西方服饰文化也在历史的进程中不断地相互影响、相互融合。在服装的发展史中，经常可以看到东西方创作设计概念的融合，这种融合常释放出耀眼的光芒，对现代服饰设计产生了深远影响。东西方服饰设计理念的融合和碰撞，成为当代服饰发展的一种必然趋势。设计师要意识到传承和创新东西方传统服饰文化的重要性，找准传统与时尚、民族与世界之间的关系，才能设计出成功的作品。

设计师在结合东西方设计理念进行创作时，首先，要以本民族为立足点，把其他民族不同的设计概念，融入本民族的服装设计中，倡导东西方文化相融合的设计概念。随着服饰文化的发展和变迁，以及现代文明社会的快速发展，使各民族独特的服装也迈出国门并走向世界，与国际化接轨。民族服装所包含的深刻内涵、个性审美以及丰富的形式，给现代服装设计带来了源源不断的灵感。东西方服饰文化不断的融合，如果能将西方文化所传达的世界观、人生观、价值观等思维方式融入设计作品中，灵活使用民族元素，使民族文化所包含的内涵自然的融入服装的外在形态中，那么设计出来的作品则会达到一种意想不到的效果。

同时，也要学习其他国家的设计师是如何将本民族的服饰文化特色与其他民族的设计理念结合在一起的。例如，著名的日本服装设计师山本耀司（Yohji Yamamoto），他的设计简练而充满韵味，服装整体线条流畅，他以一种不分国界、不分民族差别的手法，将他的设计展示在世人面前。将西方建筑元素同日本传统服饰文化元素融合是山本耀司最为拿手的，再通过对色彩、面料的丰富组合传达他如谜一般的设计理念。但他的设计理念并未被西方同化，这点很值得我们借鉴，他从日本传统服饰文化中探寻设计的灵感来源，以和服作为基础的形态，再通过层叠、悬垂、包缠等艺术手段，使他所设计的服饰形成一种无特定结构的特征。

三、与时尚元素的结合运用

（一）现代时尚观念

服装作为一面能够反映社会情况的镜子，随着现代社会科技；文化、政治、经济的快速发展，服装也展现出日新月异的面貌，并逐步形成了以现代时尚观念为主的设计理念。传承传统服饰元素应以国际化、时尚化为设计价值取向，以现代服装设计理念为基础，才能设计出符合现代人审美标准的传统风格服装，才能实现传统与时尚的融合。

信息时代的快速发展改变了现代人的思想观念，人们的生活方式、价值理念、审美观念与以往的传统方式形成了鲜明对比，服装设计也与以往传统意义上的设计模式大不相同。消费者的时尚观念也随时代的发展而日新月异，消费者的审美意向从某种程度上引导了服装的发展方向。服装的功能化、轻便化、休闲化、年轻化、无性别化及民族化等趋势，突破了传统的服装体制，呈现出多元化的服装新格局。另外，现代服装设计师在进行设计时，有意识地追逐现实主义、超现实主义、波普艺术、极简主义、结构主义、解构主义等艺术流派并模仿其风格，这些艺术流派对服装的发展也产生了很大的影响，使服装形成了相应的设计理念，丰富了服装的创作主题和表现方式，拓展了服装的表现能力。

在现代服装设计呈现多元化格局的今天，早已改变传统的被动性和单一性，而转向现代的主动性和多元性，具有很强的时效性、时尚型和周期性。在这个时尚纷繁丰富、潮流瞬息万变的时代，现代服装设计理念、现代着装观念等都是传统走向现代的必由之路。在这个服装领域中，时尚是具有时间性的浮标，传统元素需要与其融合，并使自身演化为符合现代审美观的元素。面对如今竞争激烈的服装市场，时尚潮流成为服饰设计走向的一个首要审美准则，中国元素怎样与现代时尚服装设计结合，以此来顾全中国民族品牌在世界服装行业中的竞争力，成为当下中国服装界所面临的问题。在以传统服饰元素为主题的服装设计过程中，对于传统服饰元素的提炼和对其的运用需要体现出现代服装设计理念，从而实现国际化、时尚化的设计要求。

（二）与时尚元素的融合

将变化多端的时尚潮流与传统服饰元素结合，是传统文化实现现代化的必由之路，怎样设计出符合当代服装市场的、兼具时尚性和传统性的服装，这是当代设计师所亟须解决的问题。设计师在设计服装时，可从世界各民族文化中寻找灵感，提炼出能体现当代服装设计理念的传统服饰要素。时代性、时尚性强是服装行业的行业特点，现代服装的审美观念正在朝多元化发展。现代服饰已经冲破了传统服饰的旧体制，向功能化、轻便化、年轻化以及民族化等方向逐步发展，呈现出以时尚潮流为引向和个性张扬的设计理念。

时尚元素与传统服饰文化的融合，成了当代服装设计师重要的设计手法之一，在设计时要顺应时代的审美观念，并及时把握时尚潮流的走向，才能满足现代人对服装审美的需求。现代服装设计理念作为一个重要的理论基础，是传统服饰元素在当代时尚服饰设计中所必须体现的。因此，只有以时尚作为当代服饰设计价值取向的标准，才能设计出与现代审美标准相符合的服饰。

首先，要寻找传统元素与时尚元素的交叉点，中国有深厚的传统文化底蕴以及丰富多彩的少数民族文化，但是在当代，完整的传统民族服饰形象只出现在个别场合，例如，少数民族聚集地区、特殊的社交场合、节日活动等，在日常的生活、工作环境中很少出现，也不符合时代潮流。现代服装的多元化要求传统服饰设计理念颠覆其旧的思维方式，传统与时尚元素的结合运用，一方面要深刻解析传统服饰的设计观念，将传统服饰元素结合到当代服装的时尚设计里，丰富服装的创作主题和形式，增加传统元素在服装中的表现力；另一方面要准确把握时尚潮流方向和服装市场需求，把握住传统理念到现代理念的转变，了解时尚设计理念。

其次，要把握好传统元素与时尚元素结合的程度，时尚元素对于传统服饰文化的关系就像是一把双刃剑，运用过度的话则不符合现代人的审美观念，但是运用不足的话就体现不了传统文化的精神内涵。因此，只有合理的把握民族与时尚之间的关系，把握开放的时代契机，紧跟国际时尚潮流，学习新的设计理念、文化理念，结合各种时尚语言，掌握好传统元素与时尚元素结合的方法，才能创造出真正体现中国传统服饰文化精神的国际时尚化服装。

四、与新型材料的结合运用

服装材料是构成服装的基本元素之一，也是体现服装外貌形态的重要元素，服装材料的选择对于服装最终具有什么样的形态起到关键作用。不同的服装材料具有不同的形态特征，服装可以通过不同质地的材料满足不同的设计需求，以及表现出风格各异的效果。

第一，柔软飘逸的材料。柔软飘逸的材料质地柔软，光泽柔和，线条柔美舒畅，有自然美感，例如，棉织物、蚕丝织物及雪纺等服装面料，此类服装面料细腻柔软，具有优良的穿着舒适性。在服装设计中多采用直线简洁的造型以突显人体的优美曲线，也用于设计造型飘逸宽松的款式，并通过对材料采用覆层堆积、压褶、皱褶、垂挂等工艺制作，突出表现服装线条流畅与飘逸的形态感受。

第二，透明朦胧的材料。此类服装材料质地薄且通透、轻薄凉爽、美观新颖，如乔其纱、缎条绢、蕾丝等，具有优雅、朦胧而神秘的艺术效果，常与其他面料搭配使用，以更好地表达服装造型的完整性和面料的透明度，适合用于夏季女裙装、便装、童装等的设计。

第三，弹力伸缩的材料。弹力伸缩材料是指弹性性能、伸缩性能良好的织物，如氨纶弹力织物、弹力提花色织布、针织提条弹力布等。弹力伸缩材料多用于户外运动或休闲时尚运动装的设计，面料可按不同需要完成功能性的表现，有效的保护运动时伸展的肌肉。这样不仅保护了身体的皮肤表现，也使得服装与人体运动节奏保持同步，更好地发挥了人类突破极限的能力。

第四，厚重粗犷的材料。厚重挺括的材料有毛织物、麻织物、各类厚型呢绒等中厚型的面料，外观光泽自然，手感舒适，品种风格多。用毛、麻织物制作的衣服厚重挺括，有较好的弹性、抗褶皱性和耐磨性，不易导热、吸湿性亦好。一般采用深暗、含蓄的色彩，给人感觉庄重、大方、高雅。因其比较厚重而富有体积感，多用于秋冬各季男女各式服装。

第五，硬朗挺括的材料。硬朗挺括的材料线条清晰明确，表面平整服帖，在服装设计中多使用结构线、分割线、装饰线的变化来改变造型，例如皮革、毛纺织物等，适合用于造型简洁、较为中性风格的设计当中，也常用于职业装、套装或上衣、西裤等较为正式的场合穿着的服装，给人以硬朗、干练的感觉。

第六，光泽闪亮的材料。光泽闪亮的材料是指表面具有光泽的面料，因其表面光滑并能反射出亮光，而产生出一种华丽闪耀的视觉效果，其主要风格特征是手感软滑、光泽晶莹、色泽柔和、美观大方、高贵华丽，例如各类丝绸、绸缎、锦缎等，常用来制作各类高档时装、礼服以及舞台表演服装等。

随着时代的发展和科学技术的进步，服装界已经进入了以"材料制胜"的年代。服装新型材料的开发引领了服装的创新，新型服装与传统服装面料相比更具功能性、环保型以及科技性，新型材料已经成为推动服装设计的创新和可持续发展的强劲推动力。服装材料作为服装的载体，通过材料的色彩及对材料的造型使得服装展现出不同的形态，从而实现服装的功能与潮流流行。21 世纪是科学迅猛发展的时代，服装行业在材料科学发展的推动下，也呈现多元化的发展趋势。

（一）新型材料的功能性

与新型材料结合使服饰更具备功能性。人们对服装材料的质量标准要求逐渐提高，不仅要穿着美观、舒适，对服装的保型、免烫、防污、易打理性能也相当看重，现代服装材料本着以人为本的精神，让人充分享受自然美观、轻便舒适，摆脱因沉笨、束缚的材料给人带来的负担，也避免了因掉色、起球、不易打理而过多对服装进行保养的烦琐环节，只有形式而缺乏功能的材料难以满足现代人的着装要求。

随着人们生活品质的提升，人们对服装不再停留在过去只对吸湿性、透气性、御寒性等简单的要求上，对服装品质的要求也已经大幅提高。因此，在注重服装形式、审美与时尚的同时，要追求功能进一步的完善与创新，以适应人们逐渐增长的对服装高性能、多层面与个性化的穿戴要求。

（二）新型材料的环保性

与新型材料结合使服装更具备环保性。的服装不仅是人穿着的物质需求，更是人的审美风格、时尚内涵、理念表达与精神享受上的需求，这并非传统意义的御寒保暖，而需要给人的全方位、深层次的舒适、自如、安全及生态健康。服装的环保性不仅仅是指服装材料本身所具备的环保性能，也包括服装材料整个生产过程：原料、生产、加工、设计、穿着、废弃和再利用等各个环节中的环保性。国际服装流行趋势强调生态环保与可持续发展，新型材料的设计和开发也将继续强调生态化以及可持续化的创新理念。

当今的服装新材料将坚持无污染与废旧利用的基础环保理念，满足人类健康、环境保护以及资源利用的需要，使绿色环保理念贯穿到服装以及材料生产、使用和处理的全过程中，强调服装材料的无公害、无刺激，使服装穿着更生态环保。

（三）新型材料的趣味性

与新型材料结合使服装更具备趣味性。随着科技不断地进步和发展，今天的高科技新材料使服装面料改变了以往一成不变的外貌，使得服装不仅具备了功能性、环保性，也给服装增加了许多趣味性。新型材料的崛起，使服装与人体之间的关系更加密切，也拓宽了服装穿着功能的新领域。

（四）新型材料的科学性

与新型材料结合使服装更具备科学性。随着人们生活条件水平的不断提高，人们对服装材料质量的要求也逐渐提高，一些科技性的新材料也开始在纺织面料的设计当中得到运用。目前，在纺织服装行业，光致变色材料是运用较多的材料之一。

如今，将新型变色材料运用在服装设计中已经成为一种潮流。它的变色机理主要是在日光的照射作用下，能由无色或浅色变为其他特定的颜色，呈现出多彩鲜艳的颜色和图案。然而它的变色过程是一种可反复可逆的变化过程，当对光照进行遮挡，使照射在其上面的光线消失后，它又能回到原来的颜色，图案在没有光照的情况下是无色的，当在太阳光地下照射后，就能显现出丰富的色彩。

最近几年，市场上逐渐出现了很多类型的新型感光材料，光致变色材料便是其中最具代表性的一种。随着新型材料在各行业的普及，光致变色材料在高科技行业、民用行业等都得到普遍的使用。国内的天津孚信科技有限公司已将变色技术从实验阶段走向了生产产业化，不仅生产出十多种具有国家发明专利技术保护的变色材料，而且已经有多种变色产品进行生产销售，如光致变色服装、童装、变色T恤、变色鞋、纺织品、服饰品等都有所涉及。

设计师在使用传统服饰元素进行创作时，可与有机光致变色材料结合起来，比如将传统服饰纹样设计在现代服饰当中，而光致材料神奇的变色过程不仅能与传统服饰文化的神秘性相呼应，它的这种科技性也更符合现代年轻人求新的心态。

第三节　设计实践中传统服饰元素的创新

一、设计构思

（一）灵感来源

传统服饰元素的内容丰富多彩，内涵博大精深。此次创新设计实践主要提取传统服饰元素中的服饰纹样进行创新设计，将服饰纹样与新型光致变色材料相结合，对传统服饰纹样进行提炼和再设计，使之更符合现代人的审美观。传统服饰纹样的题材十分广泛，包括花鸟鱼虫、飞禽走兽、人物形象等。本系列设计作品以"梅开古韵"为主题，灵感来源于具有中国韵味的梅花，以梅花纹样为主要设计元素。

服装款式造型上结合了传统服饰中的造型特色，将传统的领襟设计加以改良，并结合了喇叭袖、包边等传统设计元素；色彩上以复古的宝蓝色为主色，为满足色彩搭配的需求，纹样的色彩变化以白色变为玫红色为主要的变色方案；面料主要采用舒适、透气的麻面料；细节上通过蕾丝拼接、收腰、抽褶等现代设计手法，将传统与现代相结合，设计中展现了独特的中国韵味。并通过对运用新型材料的工厂实地考察，结合自己的设计，选择最佳的制作工艺方案。

（二）目标人群

光致变色材料因其独特而神奇的变色功能而深受年轻人的喜爱，因此将目标人群定位在喜欢新鲜、多变、具有冒险精神的年轻人。目标年龄定位为18岁至30岁的年轻女士，她们气质独特，对生活充满热爱，热爱中国传统文化，有年轻人所具备的活力和干劲，传统而不刻板，追求自由、新鲜、健康的生活。

（三）设计要素

面料的选择：主要采用麻为主料。麻是具备中国特色的一种面料，既符合服装设计主题的要求，也具备自然环保的特性，穿着在身上时舒适、透气、清爽，符合年轻人追求舒适健康的生活态度。

服装的款式：服装款式主要结合设计需求，以中国古典风格为主。结合古典风格的特色，对传统的服饰造型加以改造，在服装款式结构的设计上主要中长款式为主。

服装的色彩：选择色彩具有中国特色的宝蓝色为服装的主体色，出于对图案变色色彩上的考虑，采用有色变有色的色彩方案。

服装的图案：服装的图案设计以梅花为主题，对图案位置进行设计上的总体考虑，使之与服装款式整体相结合，定位于服装的下摆、胸前等局部位置。

细节的处理：采用包边、盘扣、抽褶、拼接等工艺处理方式。

二、设计草图

根据对传统服饰造型元素的提炼，最终设计出 3 款款式，如图 8-2 所示。在设计草图的基础上，将设计的纹样进行重组。结合选定的款式，并综合考虑服装的总体造型，将纹样运用在服装的局部位置，以达到最佳的效果。从光致材料的变色色卡中，提取出所需的设计颜色，经过设计加工提炼，最终，完成了变色前后的款式效果图，如图 8-3 所示。

图 8-2　图案设计

图 8-3　款式效果图

传统服饰元素与新型变色材料的结合，不仅使传统服饰元素在现代服装中的运用开创了一条独特的设计方法，将新型材料创造性地运用在服装设计当中，也对传统服饰文化的传承起到了更好的推动作用。

第九章 传统服饰手工艺的创新应用

第一节 传统服饰手工艺

一、传统服饰手工艺的定义

手工艺,是指以手工制作具有独特艺术风格的工艺美术物品。此类产品具有实用和装饰的性能,也具有艺术性和创新性,它在表达传统性的同时,也具有相应的文化内涵,以及宗教或社会象征意义。中国民族传统服饰手工艺,是以手工劳动为主,制作出既实用又具有观赏性的民族传统服饰手工艺作品。

二、服装手工艺的分类

(一)平面式服饰手工艺

1.织锦

用染好颜色的彩色经纬线,经提花、织造工艺织出图案(图9-1)。清乾隆时期黄色云龙妆花纱袷龙袍(图9-2)。上海 APEC 领导人服装采用宋锦作为服装的主要面料(图9-3)。

图9-1 云锦

图9-2 黄色云龙妆花纱袷龙袍

图 9-3　APEC 领导人服装

2.印染

中国传统的印染工艺主要有绞缬、夹缬和蜡缬三大印染工艺。

绞缬（扎染）是一种把布料的局部扎结，以此进行防染而形成预期花纹的印染方法（图 9-4）。图 9-5 为白族扎染、补花中老年服装，凝重素雅，古朴雅致。

图 9-4　扎染面料

图 9-5　白族服装

蜡缬，也叫蜡染。是用蜡在织物上绘制纹样，再进行染色，最后去蜡漂洗的色底白花染品（图 9-6）。图 9-7 为镇宁式布依族女服，细腻的六圆并列蜡染纹样，多层次渐变裙摆，造成传统布依族服饰的色调素雅，风格独特。图 9-8 为 2018 年北京时装周上成昊设计师 2018/2019 年秋冬高级成衣发布会的作品，将苗族蜡染的纹样和手法运用在现代服装上。

图 9-6　蜡染面料

图 9-7　布依族女装

图 9-8　成昊高级成衣

夹缬，通过木刻等方式进行镂空雕版，双面夹布进行防染的染色工艺（图9-9）。

图 9-9　夹缬作品

如今，夹染工艺只在浙江少部分地区还保留。这种夹染工艺，在现代女装的运用非常少。蓝印花布，通过镂空雕版，将防染剂刷填在镂空部分进行防染的染色工艺，是从夹缬工艺演变发展来的（图9-10）。

图 9-10　蓝印花布

（二）立体式服饰手工艺

1.刺绣

刺绣是用绣针将绣线按照设计好的纹样在纺织品上走针，以绣线迹构成纹饰的一种工艺（图9-11），图9-12为石青色缎缉米珠绣四团云龙夹衮服，清乾隆时期服装，在装饰上，用五彩丝线、金线和米珠绣龙纹图案，工艺精美独特。

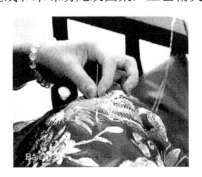

图 9-11　刺绣作品

图 9-12　刺绣衮服

2.贴布与拼布

贴布是把一块织物贴缝在另一块织物上，形成贴补装饰的效果图（9-13）。拼布，是指按照一定的规则将各种不同的形状的小片织物或者纺织材料拼缝起来的一种工艺技法（图 9-14）。

图 9-13　贴布工艺

图 9-14　拼布工艺

3.编结

编结是指用条、绳、带等形式的材料，用手工进行编织的工艺，如我们所熟悉的简单的中国结就是编结手工艺制品，复杂一些的配饰也有编结手工艺制品。在清代，编结手工艺主要体现在披肩的设计和制作中，披肩更正式的叫法为"云肩"。

（三）制作工艺

绲边，是将窄布条包裹缝在布料边缘的一种工艺手法（图9-15）。

图9-15 绲边工艺

镶边，是指用不同颜色或质地的材料镶缝在衣片的缘边或嵌缝在衣服局部位置，形成条状或块状装饰的一种工艺手法。图9-16为土族绣花镶边女服，门襟和马甲袖口的黄色部分为镶边工艺。

图9-16 土族镶边民族服装

嵌线，是指在两片布块之间卡缝上滚条或细花边，形成细条状的装饰，图9-17中旗袍的浅粉色部位为嵌线。

图9-17 嵌线工艺

荡条，是指应用不同于衣片颜色或材质的面料，在衣片边缘进行装饰，图9-18为畲族的凤凰装传统服饰的细节部分，其各色条纹和织带条纹均为荡条装饰。

图9-18　畲族凤凰装细节

挖云，是将织品镂空挖成云头纹样，以绣线锁边，贴衬在别的面料上进行装饰（图9-19）。

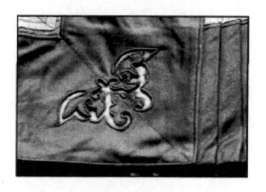

图9-19　挖云工艺

三、传统服饰手工艺的价值

（一）传统服饰手工艺的人文价值

传统服饰手工艺，是人们在几千年的发展过程中不断用双手创造出来的劳动产品的工艺技术结晶，在人们不断实践的过程中，创造出极为丰富的手工艺品。

同时，传统服饰手工艺在创造出巧夺天工的作品中，也蕴含了创造者独特的个人情感与审美，使不同的作品赋予特有的独立生命力。传统服饰手工艺主要为民间工艺，是人们经过几千年的审美发展所展示出来的具有独特大众民俗的艺术作品。同时，它也是一个民族发展历程的一个外在表现，对人们研究其民族的文化形式及活动，有较高的参考意义。

（二）传统服饰手工艺的经济价值

传统服饰手工艺从本质上来说，就是人们在生产生活过程中的一项劳动技艺活动，它强调根据人们生活范围内的自然资源和再生资源进行手工创造。在长期的社会实践中，就地取材或因材施艺的生产生活方式，已经融入骨髓，造就出丰富多彩的传统服饰手工艺形式。在生产形式上，一般是以家庭或小作坊为单位进行生产活动，符合当时人们传统的生产生活习惯，具有较高的制作实践性和经济价值。

四、传统服饰手工艺的复苏与发展

（一）现代文明的发展给传统手工艺及其文化带来的影响

现代文明的发展对传统手工艺的影响是巨大的。这种变化也给传统手工业生存带来了冲击，新技术的产物不断蚕食人们对传统手工艺的坚持，技艺和文化的传承都在不断的遭到弱化或破坏。为此，虽然在世界经济一体化的时代，文化也在趋向单一化，文化的趋同性给人们带来的影响将是不可估量的。

（二）传统服饰手工艺的复苏

如今，人们对传统服饰手工艺的保护意识日渐提高，但传统手工艺的生存状态仍受到极大的威胁或者断层现象屡屡不绝。中国服装界呼吁人们注重传统文化艺术，同时市场上也有各种传统风格表现的服装，但大多数服装对于传统的运用过于生硬，对于参与国际舞台的竞争力较差。

"只有民族的才是世界的"这句话充分地体现了传统文化对于服装服饰进入国际化的重要指导作用。只有思想意识觉醒，对服装的传统文化与现代服装形式才会有着更深刻的理解，才能不断去发掘和继承优秀的传统服饰手工文化，并促使中国传统服饰手工艺复苏，使其具有可持续发展的生命力。

（三）传统服饰手工艺的发展

1.政策支持

近年来，国家颁布的各项法律和指导文件，如《中华人民共和国非物质文化遗产法》《中国传统工艺振兴计划》《关于实施中华优秀传统文化传承发展工程的意见》等。这些政策的引导与规范和支撑，将传统文化传承发展的认识与实施提升了一个新的高度，为推动传统文化的传承与发展提供了政策支持。

2.传统服饰手工艺的发展

在政策支持和人们思想觉醒的基础上，在"非遗"工作的有力推进下，挖掘和抢救濒临失传的传统服饰手工艺，对于传统服饰手工艺的保护工作已经初见成效。所以，传统服饰手工艺现在发展的道路，是将传统与现代的有机融合，不是仅停留在浅表层面的运用上，而是从民族性、创造性和独特性来设计承载本国文化内涵的服饰。同时，将传统服饰手工艺与现代科技相结合，催生出新材料、新工具、新工艺及新思路，将传统服饰手工艺传承与创新，渗透到更广阔的领域中。

第二节　传统服饰手工艺在现代服饰上的创新运用

一、传统手工艺技法与表现的创新运用

中国传统服装体系是围绕着"平面"造型展开的，同样传统服饰手工艺也是以平面装饰为主。因此，人们运用传统服饰手工艺的技艺和表现时，经常容易陷入传统手工艺服务传统文化的固有思路。人们在提到传统手工艺技法时，如织锦、刺绣等，通常会默认带入团花、龙凤等中国传统图案。但作为设计师，最重要的一点就是要在传承中适时创新，改变部分固有的观念，"破旧立新"，即在保留其表现特色的同时，又要融入新的艺术风格与设计理念或工艺技术，大胆与时尚相结合，使传统手工艺展现出新的时代风貌，并通过新的视野角度重新焕发其生命力。

如图9-20、图9-21中，古驰（Guc ci）2017春夏男装秀中，将唐老鸭的形象与中国传统服饰工艺中的刺绣和织锦相结合，既传统又妙趣横生，让服装充满怪诞又诙谐的感觉。同时也将传统的盘扣元素运用在男士正装西服上，让传统的手工艺拥有新的表现手法（图9-22）。例如用中国传统刺绣工艺乱针绣的手法与波普艺术相结合，赋予中国传统手工艺一个新的表现力（图9-23）。

图9-20　唐老鸭刺绣

图9-21　唐老鸭织锦

图 9-22　西服盘扣

图 9-23　乱针绣

二、传统手工艺风格的创新运用

传统服饰手工艺的技术，为我们改造面料装饰服装，提供了必要且有效地工艺手段，帮助我们实现面料以及服装整体风格的塑造。当然在今天的服装设计中，为了满足设计师对于服装设计上创新的需求，达到全新的视觉效果，往往会在面料和风格上进行创新。所以对传统技艺运用的创新，需结合当下流行与审美，将传统手工艺风格从技艺中剥离出来，使之与现代工艺相结合，将风格表现延续下去。例如传统服饰手工艺蜡染技术中出现的"冰纹"这种随机且不可复制的纹理，现如今完全可以由现代技术来实现。而且能够突破传统染制技法的束缚以及材料的限制。例如日本的蓝染皮革（Sukumo Leather）的产品，使我们对蓝染的认识在保留古朴自然印象的同时，运用在更多的材质上（图9-24）。还有在皮革上进行仿织锦的面料再造，使面料有了不一样的表现（图9-25）。

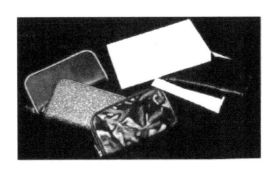

图 9-24　蓝染皮革

图 9-25　仿织锦皮革

三、传统手工艺在新材质的运用

随着时代的发展和科技的进步，服装服饰制作类的各种新型材料的研发与生产不断出新，为设计师提供了更多的选择。用新材料替代原有材料，同时运用传统手工艺进行材质的创新和突破，将它们组合成新的复合材料，促使手工艺术向多元化方向发展。

例如杜邦公司研发的一款新的材质特卫强（Tyvek），又被称为杜邦纸，现在也被用在服装中。它综合了纸张、薄膜、布匹的优点，在风格上又具有特殊的自然褶皱感。

四、新的装饰手法上的运用

融合时代的发展，多元、复合的装饰手段将成为现代服装装饰的新方向。如喷绘、水洗、烂花、植绒等现代技术与传统工艺的纫缝、刺绣、编织等结合起来，或运用非传统材质的装饰内容，将传统与现代多种技术元素的融合运用，服装外观形成独特且丰富的视觉效果。例如"施华洛世奇"品牌集体创作项目中张卉山设计的作品。利用传统服饰与刺绣艺术表现，采用非常清新、颇具现代感的方式来运用"施华洛世奇"水晶进行服装设计。

第三节　传统服饰手工艺的创新手法

面料再造是将传统面料通过各种工艺技术和艺术表现，对其外在形态、内在质感以及表现风格进行融汇再创的过程。我们将采用传统服饰手工艺的创新手法对面料进行再造，以达到传统与现代相融合的艺术表现。

一、面料立体设计

面料再造的立体设计，是指运用各种工艺手段改变面料原有的平面形态，形成立体的或浮雕的肌理造型，展示立体美感，从而使得服装通过立体设计及制作效果，给人以更强烈的触觉和视觉的冲击。

（一）凹凸压印工艺

凹凸压印工艺是利用凹凸模具，对面料进行立体化再造，以其独特的浮雕与肌理的层次感，增加其立体感，增强其蕴藏的艺术感染力。

　　传统贴布工艺能达到多层面料立体的效果，并且可以在材质和色彩上进行再次创作。但是，从面料的整体性和对精细图案的表现上，凹凸压印工艺能够更好地表现其浮雕感，并且能够更好地控制服装加工成本，但对于不能一次热成型的天然纤维，该工艺则无法实施。图 9-26 为 H&M 空气层面料 3D 压花图案卫衣，与图 9-27 为贴布绣进行比较。

图 9-26　凹凸压印工艺

图 9-27　立体绞缬工艺

（二）立体绞缬工艺

立体绞缬工艺是按照传统绞缬工艺方式，对面料进行捆扎后，通过高温定型的方式使捆扎的部分，以立体方式固定下来，形成绞缬面料立体造型的视觉感。在制作过程中，染色工序固定在捆扎工序之后，对面料的色彩和图案的表现力并无影响。与传统绞缬工艺选择的天然纤维面料比，该工艺可选择的材料范围较大，可根据材料不同质感塑造出不同的风格表现。

二、面料加法设计

面料再造的加法设计，是指在面料的原有形态上增加不同材质的元素，使它形成立体的、多层次的肌理造型。

（一）衍纸技术

在服装上的衍纸工艺，是将布条通过特殊的工具和专门的技术，通过卷曲等改变布条形式，从而形成特别的表现形态。

衍纸技术与盘花工艺都是在面料上固定立体布条装饰。其区别在于所装饰的线迹一个是专门技术成型而另一个是手工盘花成型的，同时，衍纸为圆形立体条状装饰，盘花因为需要用缝线固定线迹造型，多为平面条状装饰。

（二）新材质拼贴工艺

拼贴工艺就是将拼布艺术与贴布艺术结合起来的产物。这里采用特殊硬挺的新材质作为再造面料拼贴材质。与传统的拼布工艺相比，使其更具有新材质的风格表现和造型力的表达。

三、面料减法设计

面料再造的减法设计，是在面料原有的形态上，按设计构思利用各种破坏手段对面料进行减少设计，形成错落有致、虚实结合的肌理造型。

（一）激光雕刻

激光雕刻技术是基于数控技术，通过激光在材料上对图形进行气化或熔化的工艺。激光雕刻技术在服装设计领域中主要用于镂空雕刻技术方面，既可以实现细节的雕刻，也可以大面积的应用。激光雕刻的切痕流畅、干净、利落，既可以避免手工雕刻的失误，也能使要加工的面料感觉更加清晰明朗。激光雕刻在面料上的运用，与剪纸艺术有较多相似之处，都以镂空材质为主要特征，以连贯的线条将材质整体化。如图 9-28 为激光雕刻面料服装。

图 9-28　激光雕刻技术

（二）模切压印技术

模切压印技术与激光雕刻技术在服装上的表现手法有异曲同工之妙。它通过控制激光的精度，对材料的厚度以及复杂造型进行切割，使之达到半镂空的效果。与挖云工艺相比，在精度与细节上都更高，但本质上都是形成半镂空的视觉效果。

四、面料编织设计

面料的编结再造设计，是利用编织材料的交叠，使之产生厚度变化以及编织图案的正负空间，形成凹凸对比和三维立体的视觉感受。

（一）立体编结与传统编结装饰

在传统服饰中，编结工艺通常以编结后的线或带，以平面盘花的方式装饰在服饰表面（图 9-29）。在面料再造上将它以立体的角度作为服装结构部分存在（图 9-30）。

图 9-29　传统编结工艺运用

图 9-30　立体编结工艺运用

（二）3D 打印技术

3D 打印技术也称立体打印。它是基于数字模型文件，将各种材料通过逐层打印方式构造物体的技术。通过它的特性，将传统技术难以实现的造型制作出来。它的实现过程与传统的再造工艺都不相同，对现代服装设计具有颠覆性的意义。

（三）镂空盘花工艺

镂空盘花是把编织材料缠成各种条状，在材料之间钉缝，相互固定成各种纹样而形成的镂空的效果。它区别于传统盘花固定在基材上的工艺手法，使服装更具有层次感。

五、面料综合设计

服装上所运用的材料再造，通常并不是单一的，而是多种材质和多种手法的综合运用。它能提升服装整体的梯度空间感，使其层次更加丰富。面料再造的综合设计，是将多种传统手工艺进行综合运用。有效提升了服装作品的审美情趣和艺术感染力，提高了作品的价值。

如图 9-31 所示，将压皱工艺与现代印花技术结合。面料进行压皱后进行印花再造，随着褶皱的打开，对图案进行撕裂和破坏，使服装在视觉上充满趣味感。

如图 9-32 所示，的材料再造，不单单用多种手法进行创作，也从材质本身进行多种材料的运用。利用褶皱、贴布和镂空塑造正负空间，又在表面装饰羽毛、珠片、线迹等，进行表面装饰，使其具有多层次、多质感、多色彩的丰富表现力。

图 9-31　压皱与印花

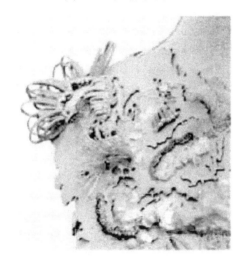

图 9-32　压皱与印花

第十章 传统刺绣工艺在服饰创意设计中的运用

第一节 刺绣的分类及其特点

一、刺绣的种类简介

刺绣，中国优秀的民族传统工艺之一，是在已经加工好的织物上，以针引线，按照要求进行穿刺，通过运针将绣线和其他物品组织成各种图案和色彩的一种技艺。随着社会的发展，特别是科技带动的服装材料的发展，加之电脑刺绣技术的日渐成熟，使刺绣进入了机械化、数字化，加快了制作过程，使刺绣得到了广泛的推广。但电脑刺绣终究代替不了传统的手工刺绣，因为刺绣的精髓是肌理感极强的针法和灵活的应变，配合各种针法表现出作品的空间、肌理效果，它的变化是机器所不能实现的。刺绣工艺从刺绣方式上，可以分为三类：手工刺绣、缝纫机绣和电子控制机绣。这三种方法中，由于手工刺绣针法灵活多变，装饰效果好，适宜在各类服饰及织物上绣制。刺绣按国家或城市命名分为：法国绣、英国绣、罗马尼亚刺绣、印度丝绣等。按地域我国的刺绣可以分为：湘绣、蜀绣、苏绣、粤绣、鲁绣、汴绣、京绣、汉绣。按民族特色可以分为：苗绣、藏绣、白族挑花绣、土族盘绣等。

二、刺绣与服饰的渊源

中国的刺绣工艺起源很早，据中国史书《尚书》记载，四千多年前的"章服制度"就规定了服装"衣画裳绣"的装饰，可见中国在四五千年前，刺绣品就已经广为流传了。但由于早期的刺绣织物都是天然纤维，而远古时期的人们对天然纤维的保护措施并不完善，因此至今没有留存下来。远古时期，人们将自己尊崇的事物通过图腾纹样的形式刺在身体上，形成文身、刺青，当人们可以使用织物缝制衣服的时候，就开始在服装上用装饰针法绣制图腾纹样，从而形成最早的刺绣工艺。从人类文明的发展史可以看到，刺绣工艺是伴随着人类历史的发展而不断充实完善的，它不仅具有装饰美化生活，满足人们需求的实用作用，还可以供人们欣赏和品味其艺术价值，从而满足人们在精神方面的需求。

在中国古代，刺绣品中纹样的象征意义居于首位。从中国古代天子服饰的"十二章"代表的天命神受到近代普通百姓服饰品上刺绣的吉祥纹样，都无不如此。《尚书·益稷》帝舜曰：予欲观古人之象，日、月、星辰、山、龙、华虫、作会；宗彝、藻、火、粉米、黼、黻、絺绣，以五彩彰施于五色，作服，汝明。这有可能是刺绣工艺在中国文字记载中最早的记录了。

随着人类文明的进步，服饰除蔽体外，还被用作为"分贵贱，别等级"的工具。在阶级社会里，刺绣服饰成为统治阶级维护其统治地位、显示其高贵身份的标志。故宫博物院至今珍藏着一件明代"洒线绣百花攒龙披肩袍料"。在方一孔纱上绣以座龙为主的复杂花纹，名色丝线绣满全部衣料，不露分寸底色，故名"满地绣"，是明代的杰出代表作品，充分体现了劳动人民精湛的刺绣手艺。

纵观早期的刺绣，周代尚属简单粗糙；战国渐趋工致；汉代开始展露艺术之美。由于经济繁荣，百业兴盛，丝织造业尤其发达；形成新消费阶层，刺绣供需应运而兴，不仅成为民间广用的服饰，制作也迈向专业化，尤其技艺突飞猛进。从出土实物看，绣工精巧，图案多样，呈现繁美缛丽的景象。在民俗活动中常见的刺绣旗帜龙是刺绣工艺中经常被引用的主题。此后，刺绣继续发展，在衣饰器用方面不断扩张生活使用范围和层面。魏晋至隋唐期间，佛教鼎盛，信徒为示虔诚，选择代表尊荣与费时耗工的刺绣，作为绘制供养佛像的方式，谓为绣佛，到唐代盛极一时。这类绣佛巨幅伟构，至今还有留存英国、日本的博物馆中，作品绣法严谨工整，色彩瑰丽雄奇，成为古绣特殊成就之一。

如今，尽管时代在不断地向前推进，中国的这种美好的、固有的、能代表传统文化的刺绣技艺，在经过时代的历练后仍然流传下来，它融合了绘画、书法的精髓，将各种各样的素材借着多彩亮丽的丝线以成熟灵巧的技术气韵，生动地体现出中华传统文化的特色。

第二节 刺绣与服饰创意设计的联系

一、服饰的创意设计与构思

刺绣工艺在服装款式造型设计中的运用，是装饰性与实用性的统一。不仅能增强服装的形式美感，而且能增加服装的实用功能。从古至今刺绣工艺都是高级服装常用的装饰手法，中国传统的旗袍、日本的和服、欧洲的婚纱都大量运用了刺绣工艺。在高级时装上，运用刺绣花边工艺进行装饰强调服装款式造型，体现服装风格，成为服装设计师非常感兴趣的设计内容，也是服装设计创新的重要手段。设计中刺绣工艺最集中的地方是袖口、衣领、胸襟、裤脚等，要综合运用不同形式的刺绣工艺会产生不同的效果。

在现代的服装设计中，许多新型材料不断涌现，为其提供了更为广阔的设计思路，刺绣工艺也是如此。丝质衬衣的领口，运用钉线绣绣出花样的基本枝干，用珠片和人造宝石来绣钉出花朵，柔软的丝绸和有分量感的宝石花朵形成了对比，这种设计能够得以实现，也有赖于人造轻质珠宝材料的发展，这种新型材料质轻且外观效果良好，在现代的服装设计中越来越多的使用。但是，如果是常规的宝石材料，以这种丝绸的厚度和强度，是难以承受这样的重量的，从而也不会有良好的外观效果，这就是新材料对刺绣工艺的推进。

各种材料的混用也是一种发展方向，毛衫上以珠片和毛皮相配刺绣得到的是一种华贵观感，这种效果就突破了毛衫本身随意自然的外观状态。尤其是毛皮的这种使用方法，在以往常规的服装设计手法中，是很少使用的。常规设计中，毛皮或者是镶嵌、拼接，像这样和珠片结合起来刺绣到服装上的手法，也得益于现代技术对毛皮材料的新处理，毛皮材料可以分割成更细小的部分，有更好的牢度，可以更好地附着于服装上而不会容易脱落。

有了新颖的用法，使这些常规材料也体现出了新的设计状态。有些花朵不使用常规的刺绣方法，而是掐出立体的花朵，用纽扣等钉缀于服装的领部，使得经典的服装也焕发出一种俏皮的观感。掐制的花朵还可以配合珠子、亮片、人造宝石等装饰物，使得花朵更加富有装饰性。贴补绣使得背包充满了时尚感，这种贴补绣和常规的贴补绣有所不同，图案不是平贴在织物上，而是只绣住花朵的底部，花瓣呈现立体的效果。常规的材质、服装在通过新颖的设计思路中得到了出其不意的设计效果。常规的 T 恤给人的印象是简洁、明朗而少装饰性的，装饰图案一般采用绘制的较多，但是在刺绣的字母上钉上丝带，图案的立体感和飘动感使 T 恤带上了很强的现代感。

由此可见，服装的创意设计应建立在面料的创新、亮丽的色彩选择和款式的分解上，要将传统的刺绣工艺与现代设计相结合，只有这样才能更好地推陈出新。

二、服饰创意的设计方法

创意时装是一个相对来说比较宽泛的概念，它的特点主要集中在"新"字上。注意观念上的创新，没有过多的局限和束缚，能充分地体现设计师的意识表现。通过设计师的独特审美观念、独特视角以及独特意识形态，展现出服装设计师对生活的感悟和对艺术的追求。创意性思维与服装设计之间有着必然的联系，失去创造性的服装，只能称之为服装，谈不上服装设计，创造性的思维模式是设计的灵魂，它具有首创性、主动性、自由性、发散性、艺术性和非拟化的特点。

（一）联想类比法原理

联想类比法是指在进行设计过程中由与设计无关的其他事物入手，通过一系列积极、主动、自由的想象，受到启发后，重新回到主题上来，以产生更好的想法的思维活动。

（二）移植借鉴法

移植借鉴法是指将某一领域中的原理、方法、结构、材料、用途等移植到另外一个领域里，从而发明出新的产品的方法。如设计师受到某一景象、音乐、诗歌、艺术思潮、流派作品的重大事件等触发了灵感，并把它们以独特的服装形象表达出来，使设计出的服装营造出来的意境和视觉与自己的感知相吻合。在进行服装设计中经常借鉴的姐妹学科有建筑学、构成学、手工艺等，在这些领域中，不管是造型、材料还是肌理、手法都有可能成为移植借鉴的对象。

（三）信息交合法

所谓信息交合法是指把要解决的问题或研究对象当作是几个构成要素的组合，然后弄清楚每个要素的所有可变性，做出形态分析表，然后仔细研究各要素之间的所有可能组合，就每个组合进行构思创意。

（四）仿生构思法逆向思维法

仿生设计属于仿生设计学的范畴，从狭义上是对服装的各要素（款式、色彩、面料、服饰品等）以及各服装部件和细节模仿自然界生物体或生态现象某一形象特质的设计活动，属于视觉艺术范畴；从广义上讲，是以自然界生物的发展和生态现象的本质为依据，针对服装的整体风格和各造型要素（外形、色彩、面料、配饰、部件、细节、图案等）以及仿照生物体和生态现象的外形或内部构造、肌理特征、色彩变化和文化艺术内涵延展而进行的设计实践。

（五）逆向思维法

逆向思维法是完全从相反方向进行创作的一种思维方法，是一种反叛的思维方法。可分为结构造型逆向思维、顺序逆向思维、部位逆向思维等。

三、刺绣在服饰创意中的运用

刺绣包括平针绣、镂空绣、珠绣、浮雕绣、盘花绣、补花绣和缎带绣等。

（一）平针绣

平针绣也叫平针，是传统刺绣针法中一种最简单也是最经典的绣法，它的特点是绣线从花纹轮廓一边起针，一直拉到轮廓的另一边落针。平针绣法根据走针的方向分为：竖平、横平、斜平，绣制时多要求针脚达到平、齐、匀、顺，因此，使用平针绣法绣制的图案多具整齐、饱满、细腻的艺术效果。

（二）镂空绣

镂空绣是指具有镂空效果的绣法，又称雕孔绣、蕾丝绣，一般多绣在薄的全棉平纹布、精细的纱织物上，绣法特点是如雕刻般的镂空效果，可以赋予服装精致、灵动、空间透视的艺术效果。绣制此种镂空效果的技法难度高，需要每针以平针的方式，紧密围绕图形图案进行刺绣，在布料上形成一个个清新通透的孔洞。镂空绣特点的技法除此之外，还可以采用传统抽纱工艺来制作。

（三）珠绣

珠绣是指用珠子、亮片一类材料来制作的绣法，在我国起源于唐朝，鼎盛于明清时期，珠绣艺术特点是珠光宝气，晶莹华丽，色彩明快协调，经光线折射又有浮雕效果，既有时尚、潮流的欧美浪漫风格，又有典雅、底蕴深醇的东方文化的民族魅力。

（四）浮雕绣

浮雕绣，是一种立体浮雕刺绣的方法，又称雕绣（与雕孔绣有所不同），其最明显的艺术特征是立体的效果，在制作特点上，可以是在绣品的下方铺垫填充物，用垫绣的方法使图案立体浮出，也可以是将图案单独绣好后组装的形式，总之，浮雕绣是一种立体的、相对于其他绣法而言有三维特性的绣法。

（五）盘花绣

盘花绣，在绣制时借鉴传统盘扣技法，将织物剪成长条盘成纹样，用手工缝制而成，盘花绣容易产生力量、精致、浮雕立体的艺术效果，较常用在礼服中。

（六）补花绣

补花绣是指将面料按花样要求剪成各种形状，然后缝制在基布上组成图案的一种刺绣方法，其历史可追溯到唐代的堆绫和贴绢。补花绣的特点是体现浅浮雕效果，可赋予服装雅致、别样的艺术效果。

（七）缎带绣

缎带绣使用细而柔软的绳带刺绣，把丝带折叠或收褶、抽碎褶固定的刺绣。丝带具有美丽柔和的光泽，刺绣后富有阴影，又由于采用重叠方法，产生立体感，能表现出其他刺绣不能达到的效果，给服装增添了几分趣味和装饰性。

由此可见，不同的刺绣工艺会产生不同的效果。刺绣工艺在服装款式造型设计中的运用，是美与实用的统一。不仅能增强服装的形式美感，而且能增加服装的实用功能。在服装设计中，用刺绣工艺进行装饰，强调服装款式造型，体现服装风格，成为服装设计师非常感兴趣的设计内容，也是服装设计创新的重要手段。在婚纱、礼服设计中运用串珠绣工艺进行装点修饰，能使服装产生高贵典雅、富丽堂皇的视觉效果。串珠绣工艺运用在毛绒线编织服装上，不仅不会破坏毛编织品本身的伸缩弹性，而且还会产生珠光闪亮与毛绒柔和对比的效果。近年来，用于服装上的装饰材料除粒珠、管珠、金属亮片以外，还利用扣饰、贝壳，革制工艺等进行装饰。使串珠绣工艺得到发展，不仅实用性增强，便于洗涤，而且串珠绣工艺原料不再受限制，原料丰富，钉缀手法增多，使女装设计的装饰手法越来越丰富。随着社会的发展，服装设计时尚化、个性化的特征日益突出，要适应市场及消费者的需求，必须加强服装设计中装饰工艺手段的运用，并吸取传统刺绣工艺中的精华为我所用。

第三节　刺绣的创意设计应用及文化传承

一、刺绣创意女装的设计应用

传统刺绣作为服装装饰工艺的重要手段之一，在服装设计中的运用要遵循一定的原则。

第一，刺绣工艺在服装设计中的布局要合理。要想表达完美的服装造型，刺绣工艺在服装中的整体布局至关重要。要有整体的设计构思，什么样的服装款型，适合的刺绣图案，选择何种刺绣工艺技法，刺绣的材料，刺绣配色等要与服装款式互相呼应、协调、统一、和谐和完美。要善于进行刺绣工艺的创新，不断创新技法，应用到服装设计的创意中。

第二，刺绣的材质要与服装面料匹配。刺绣材质的不同，要求刺绣工艺手法也有所不同，不同的工艺技法会产生出不同的形态变化。服装面料形式多样，风格各异。作为设计师要根据面料的柔软、硬挺、悬垂、厚薄、轻重等特性来对应，刺绣材质的选择要与服装的面料相匹配。刺绣材质在服装造型中要起到丰富造型，体现美感，突出个性的作用。

第三，刺绣的配色要讲究原则。刺绣色彩多变，运用到服装中要准确掌握刺绣配色的基础知识和配色方法，熟练进行同种色、类似色、对比色、互补色的运用，保持与服装的谐调，体现出单纯而不单调，多样而统一的配色规律，使刺绣在服装中的配色突出丰富性、单纯化与多样化的特征。

第四，刺绣图案要与服装的风格一致。刺绣图案取材较为广泛，有传统的、现代的、具体的、抽象的等。设计图案的不同，会形成不同的服装面貌。单独看有些图案十分完美，但与服装搭配会破坏服装主题和风格。因此刺绣图案与服装的风格有着密切的关系，刺绣图案的设计在服装中要达到烘托设计主题的作用。

总之，服装的设计已离不开对刺绣工艺的研究与探索。只有不断地开发和创新刺绣工艺，才能推动刺绣工艺的深层发展，拓展服装设计的空间。

二、刺绣创意女装的文化传承

自20世纪90年代初至21世纪初，中国风的兴起，吸引了诸多世界著名的国际服装设计大师。大师们在将西方服装理念带入中国的同时，不断吸取和运用古老的中华文化作为设计灵感，因此，东方文化与西方文化的相融合，成为设计领域的一个必然。

中国服装设计的未来发展，在面临机会的同时，更面临着国际竞争的压力。一个国家的创新实力直接影响到其在国际上的地位，创新意识已经渗透到每个行业里。创意设计成为设计产品的核心价值，一个企业能否盈利很大程度上取决于其创意设计作品是否畅销。在当今这个仿制泛滥的年代，产品是否独树一帜就显得尤为重要，而这一点最终还是归结于创意能力的强弱。创意与技术创新是中国制造的两个轮子，设计的灵感来源于创意。因此，我们在发扬自己国家精粹的时候，也要结合一些西方国家的先进理论。传统刺绣在服装设计中的使用与装饰，既古老又清新。刺绣自身的变化能够带给服装创意无穷无尽的变化。随着社会的发展，特别是科技带动的服装材料的发展，加之电脑刺绣技术的日渐成熟，使刺绣进入了机械化、数字化，加快了制作过程，使刺绣得到了广泛的推广。但计算机刺绣终究代替不了传统的手工刺绣，因为刺绣的精髓是肌理感极强的针法和灵活的应变，配合各种针法表现出作品的空间、肌理效果，它的变化是机器所不能实现的。在全球经济文化一体化的今天，中国传统刺绣艺术以自身的独特风貌和饱含中华民族生机活力的新姿态，为中国经济文化发展做出独特贡献。国际市场将越来越重视中国民族工艺和传统文化，中国传统的刺绣艺术也将具有更广泛的应用前景。中国传统刺绣服饰有着悠久的历史和文化底蕴，是中华民族优秀文化遗产的重要组成部分，具有独特的研究价值，服饰产品未来的发展趋势也是将传统元素与现代工艺相结合，传统刺绣形式与现代服饰造型发展趋势相结合。现代服饰创意设计的发展需要寻找传统与现代的契合点，使现代服饰设计在融合了传统精髓的同时也具有时代精神，因为，民族的也是世界的。

服装是社会发展的产物，具有鲜明的时代性标志，中国传统刺绣是凝聚了中华民族几千年的智慧精华，也传承了中华民族特有的艺术精神。

第十一章 传统服饰的生态保护和现代化设计

对于民族服装、服饰，尤其是多民族地区的服装认识，应该从生态保护和时尚创意这两个方面来定位思考。生态保护是为了保持民族的文化价值和民族地位，因而这种保护越保持原生态越有意义；时尚创意则是从特定民族服饰中撷取元素资源，以流行文化、时尚创意为主导，创造出符合时代审美旨趣的新型民族服饰。前者是民族服饰的内涵，后者是民族服饰的外延。

第一节 传统服饰原生态的保护

一、民族服装的价值

每个民族的服装都是其民族文化、民族特征的最直接表达，也是民族价值、民族地位、民族形象的直接表达。服装可以说是穿在人身上的活的"民族博物馆"。由于文化的统一性和中国现代史的革命性、实用性所致，汉族民众穿着基本消失了民族特性。尊重、研究、保护民族服饰（图11-1、图11-2），就是尊重和保护民族文化的具体方式，是使民族文化传承的可行方式。

图11-1 梁明玉设计的少数民族服装

图 11-2　梁明玉设计的藏族服装

　　在经济发展和社会发展进程中，人们的服装服饰往往受商业潮流的推动与影响，少数民族地区也不能避免。随着信息化、国际化进程加快，许多民族地区的年轻人服装已经全盘潮流化。在这种国际化潮流中，更应该保护、研究民族服装的原生态，以保持民族自身的文化价值和民族地位（图 11-3）。

图 11-3　梁明玉设计的土家族现代服装作品

二、如何保护民族服装的原生态

每一个民族的服装服饰都受到地域、气候、生活方式、生产方式、宗教信仰、礼教、伦理等多种因素的影响。在民族共生的地区，如云南怒江，各民族之间服饰有许多共同特征。这是由于民族间文化传播交流和共同的生活条件的影响，但各民族之间也存在着明显差异性，正是这些差异性特征，构成各民族既定的风格特色。

在认识和研究民族服饰的过程中，设计师梁明玉体会到，差异性因素越大，原生态特征越强，传统意味就越浓厚。人类对传统的承续，大多是靠对传统习俗的延续和遵守；对传统服装的继承，是靠遵守前人的规范和约定俗成，代代相传，生生不息。如果没有外来因素的干扰，在相对封闭的条件下，传统服装样式、制作工艺、体制规范会原封原样传承下来（图11-4、图11-5）。

图 11-4　梁明玉所绘传统服饰的草图

图 11-5　梁明玉所绘传统服饰的草图

梁明玉团队曾经在黔东南州黄平县革族村寨考察一个月，革族与苗族生活在相同的地区与环境中，语言相通，但服装却保持了一些独特的样式，革族人很注重服装与其他民族的差异性。小女孩从能捏住绣花针开始就在大人的指导下绣自己的嫁妆。一件嫁衣要绣许多年才能完成，所有的图案和工艺都是祖祖辈辈传下来的，这就是传统的力量。

每一个民族的服装、服饰都蕴含着丰富的历史人文积淀。正是民族之间的差异性，丰富了一个区域、一个国家的文化传统和景观。保护各民族原生态服饰就跟保护自然生态环境一样重要。保持民族服装的原生态，就是保持其独立性、差异性，否则就会使民族原生态消融在外来文化和时尚潮流之中。我们今天强调保护民族服装原生态，就是尊重、保持民族的文化传统价值和尊严。这种保护，我们认为越纯粹越好，尽量不用时代和外来文化的因素去干扰民族既定的原生态。

保护民族服饰文化生态，应该通过保持家庭、部族的习俗传承，提倡保持本民族的礼仪传统、生活方式、语言环境和文化环境，使民族的年轻人认识到自己民族服装独特的文化价值和审美趣味。同时，政府应注重加强对民族服装这一活的"博物馆"的保护措施，用政策和资金支持民族传统的面辅料和服装的生产方式、制作方式以及交易市场。此外，在文化教育以及生活习俗上，各民族保留自身传统信仰，使之成为生活的重要内容而非旅游业招徕的商品符号。

第二节　传统服饰的资源利用

一、抓住民族服装的要素

　　全球性文化共生现象，实际上就是以消费为核心的文化资源选择。我们的服装教育和服装观念，都是立足于全球性的消费文化。民族服装要有长久的、与时俱进的生命力，也必须适应到当下的文化环境中来。

　　所以，民族服装大赛的创意设计和评判标准都应以现代服装观念来对民族服装资源进行选择创造。我们在选择民族服装资源时，要抓住民族服装的要素和独特性、差异性，抓住最能表现这个民族生命本质和形象特征的东西。设计师梁明玉根据巴渝地区少数民族服装特点，为《巴歌渝舞》设计服装，把土家族的傩戏以及传统民族服装经过再造设计出新的生命力（图11-6～图11-8）。

图 11-6　傩戏服装设计图

图 11-7　傩戏服装成品

图 11-8　《巴歌渝舞》舞台表演实景

二、民族服饰的多元化创意设计

各民族的服装特点，实际上是靠设计师自己的眼光去观察、去捕捉、去选择。每位设计师的造型素养、审美眼光不同，选择也就不同。所以，民族服饰创意创新是多元化的创造，跟原生态相去甚远。选择资源必须由设计师主体处理。这些资源可能是服装结构，可能是装饰风格，可能是色彩关系，也可能是局部工艺，就看你选择什么，以符合你的主题创意。在创意主体的指挥下，这些资源可以拼贴、复制、转移、重组、变异，并会产生丰富的效果。

这种创意效果，往往不能以像不像的原生态来判定，而是在原生态资源选择上的全新创造。由于出自原生态，看上去会有原生态意味，但又有多样化的现代语言，这种意味寓意丰富，有强大的生命力。这种创新就是以当代人的感受去表现历史和传统，用历史和传统来扎稳我们当下的根基。

第三节　民族服装的创意智慧和设计语境

一、民族服装的表现语言

在原生态民族服饰中，服装的表现语言有自身的规律，有自己的色彩心理、装饰观念、仿生意识、财富观念和表现心理等，由此形成独特的语境。比如，怒族的盛装是全身满绣，夸张极致，设计师就要做减法，把元素提炼归纳，根据现代服装构成意识，用素底去衬托局部的绣花，民族服饰尤其是云南民族服饰整体特征是装饰性强，通常这种装饰特别繁复，尤需按现代设计的视觉法则对其进行结构、图案、色彩元素的梳理和重组排序。

关于民族服装的表现语言，归纳起来，有如下四个方面：

观念性语言：原生态民族服装语言都是有观念性的，或者是自然崇拜、生命繁衍，或者是财富表现、伦理秩序……这些观念决定了民族服装的特殊语言，我们今天的设计对这种观念性的选择，是立足于现代人的观念去选择、提取和反思，将这种观念并入现代人观念，这样就决定了服装设计的创意灵魂。

结构性语言：在千百年的历史中，民族服装的结构性语言固化了基本结构。在设计创意中，设计师是按国际流行趋势和现代人穿衣的结构特征去与民族服装的固化结构冲撞、融合。在创意中，有意识打破固化结构，把结构当成语言来抒情、表现，而不要被结构固化了创意思想。

装饰性语言：这是民族服装最大的特征和生命力所在。把这些装饰意趣充分调集起来，运用到设计创意中，是一种容易产生视觉效果的方法。

差异性语言：即各民族之间的差异性，在设计中强调这种差异性，在差异性中找出某个民族最具独特性的因素，就能使设计作品最具个性。比如，最突出怒江州傈僳族形象的是巨大的头巾造型，经过专业设计师的再创造，将头巾要素放大体量，有强烈的视觉效应，创造性地突出表现了傈僳族的形象。

二、民族服装的表现语境

这是创意设计要达到的境界，有独特的美学境界、时空境界，或者虚幻的境界。总之，设计师的设计创意首先要给人一种独特的语境，才能给人以民族的美感和时尚的快意。

服装的语境是通过语言形式达到特定民族的文化气氛和某种叙事场景的。由于地域、气候和民族文化的差异，民族服装会给设计师提供众多的文化景观审美叙事，设计师则根据自己的感受去捕捉和表现艺术语言所要表达的境界。比如，用五彩缤纷的轻薄面料和太阳伞去表现亚热带的风情。而大凉山的村民，披着羊毛毡披肩或裹着查尔瓦，打着黄色的大伞，设计师可以从这些服饰符号上着手，去表达那种雄浑而苍凉的生命环境和视觉气氛。设计师叙事的语境和造型叙事的语境是充分自由的，往往要超越具体民族服装的规定性，抓住特征和符号，海阔天空、自由想象，有时候捕捉住其独特的服装款式而发挥，有时依据其独特的色彩而发挥。在基本款式上，用结构和色彩追求变化，比如，生活中的土家族服装一般是蓝色和灰色居多，也点缀少量鲜艳的颜色，但设计师在表现的时候，却可以放大那些装饰性的颜色，而将其变为服装的主体颜色。这样的创意既保持了民族服装的基本现状，又张扬了它的生命活力。

三、民族服装的表现语法

表现语法是指不同手段和特别话语，分别有取舍、缩放、排序、虚实、繁简、强弱等。取舍是对原生态服装的按需选择；缩放是把有效的资源在视觉上做比例调整；排序是把选择的资源按现代视觉心理重组；虚实是广泛运用在面料、图案、裁剪比例上的有效方法；繁简、强弱的语法更涉及自己的艺术感觉和判断，其程度是靠设计师自己的艺术修养和造型能力、审美趣味去把握的。民族服装的视觉资源是非常丰富的，民族服装的审美心性也是非常自由的。其丰富的资源甚至要大于设计师的创意主体。设计师如果没有对民族服装的深厚情感和充分认识，那表现还不如民族服装的原生态。所以，设计师应该在民族服装的巨大宝库中寻求资源，拓宽自己的创意视野，用自己的专业修养和现代意识去选择民族服饰、表现民族服饰。在这个过程中，也会不断地生发出与众不同的表现语法。

第四节 民族服装的现代化创意

在保护民族服饰传承的同时，不可避免要受到当代文化潮流的影响，这是不以人的意志为转移的。如何做到既要保护原生态，又要与时俱进地发展民族文化使其进入现代社会空间呢？设计师认为，这需要把保护原生态和服装的现代化创新分开对待，才能处理好保护和发展的关系。

一、保护民族服装原生态是前提和基础

保护原生态应尽量避免当代文化潮流因素去干扰原生态，使其在相对自治自为的环境中保持相对独立的生活方式、文化价值和艺术形态，形成其自身的文化主体。

二、民族服装的现代化创意设计

民族服装的创意设计，譬如服装设计大赛，则应将其看作参与流行时尚、消费文化的一种积极方式。这种创意设计可以促进人们对民族文化的认知，增加整个民族地区文化生态的活力，使民族地区的服饰文化更富于现代性，同时可以促进旅游经济的发展。我们今天所有的发展意愿和创意设计都是以当代的文化标准和发展指标去衡量、去定位的，这与保护原生态并不矛盾。保护原生态是确立独特的人文价值，而创意设计文化发展是民族文化共时性的发展生态（图11-9）。

图11-9　土家族服饰的设计草图

民族服装的创意设计是以时尚潮流、流行文化为根据的，它本身就是当代流行文化的一部分。明确了这个原则性前提，我们的创意设计定位就明确了，不是为了确立原生态，而是以原生态服装为灵感，创造出具有鲜明民族特征的现代服装时尚。明确了这个定位，那我们就可以自由地创造，撷取原生态服装的要素，以当下的时代眼光去审视、去选择，从而创造出与时代潮流共生的民族服装形态（图 11-10～图 11-13）。

图 11-10　现代土家族新娘装的设计图

图 11-11　现代土家族新娘装成品

图 11-12　土家族服饰的设计草图

图 11-13　梁明玉设计的土家族时尚创意服装

参考文献

[1] 吴欣.衣冠楚楚：中国传统服饰文化[M].济南：山东大学出版社，2017.

[2] 张昕中.哈密维吾尔族刺绣与传统服饰文化[M].成都：四川美术出版社，2000.

[3] 刘元风，贾荣林，陈芳.敦煌服饰暨中国传统服饰文化学术论坛论文集[M].上海：
东华大学出版社，2016.

[4] 敖其.蒙古族传统物质文化[M].呼和浩特：内蒙古大学出版社，2017.

[5] 李楠.民间生肖文化与现代服饰设计[M].北京：中国传媒大学出版社，2018.

[6] 李楠.服饰文化论[M].北京：中国传媒大学出版社，2017.

[7] 张志春.中国服饰文化[M].3 版.北京：中国纺织出版社，2017.

[8] 吕杰.中学生传统文化扩展教材礼仪读本[M].长春：吉林人民出版社，2017.

[9] 张泰.传统文化与人生智慧丛书/齐家智慧[M].杭州：浙江人民出版社，2017.

[10] 张慧琴，武俊敏，田银香.中国传统服饰文化系列/中外鞋履文化[M].北京：中国纺
织出版社，2018.

[11] 张媛媛，成国良，孙振可，董辉.中国传统服饰文化与装饰工艺品研究[M].北京：
中国纺织出版社，2018.

[12] 郑桦.汉字与服饰文化[M].银川：宁夏人民出版社，2018.

[13] 吴建勤.西南地区汉族传统服饰变迁研究[M].武汉：华中科技大学出版社，2018.

[14] 华梅.东方服饰研究[M].北京：商务印书馆，2018.

[15] 范明三，篮采如.苗族服饰研究[M].上海：东华大学出版社，2018.

[16] 马怀立，姜良威，张毅.中国传统文化[M].天津：天津人民出版社，2018.

[17] 李宽松，罗香萍.中国传统文化概论[M].广州：中山大学出版社，2018.

[18] 陈敏.海洋文化背景下的渔家女服饰文化与工艺[M].长春：东北师范大学出版社，
2018.

[19] 白靖毅，徐晓彤.裳舞之南：云南哈尼族舞蹈与服饰文化研究[M].北京：中央民族
大学出版社，2018.

[20] 杨洋.中国传统服饰文化系列/传统新命/黎族女子传统服饰时尚化设计研究[M].中
国纺织出版社，2018.

[21] 周少华.白裤瑶传统服饰技艺与文化[M].北京：科学出版社，2019.

[22] 张慧琴.中华传统京剧服饰文化翻译研究[M].北京：中国纺织出版社，2019.

[23] 刘红晓.中国少数民族服饰文化与传统技艺·瑶族[M].北京：中国纺织出版社，2019.

[24] 杨源.中国少数民族服饰文化与传统技艺·概论[M].北京：中国纺织出版社，2019.

[25] 顾林."文化创意+"传统产业融合发展研究系列丛书"文化创意+"服饰业融合发展[M].北京：知识产权出版社，2019.

[26] 高萍."文化创意+"传统产业融合发展研究系列丛书"文化创意+"广告业融合发展[M].北京：知识产权出版社，2019.

[27] 陈俊，王雪峰.高中英语阅读拓展训练：中华优秀传统文化精选[M].上海：华东理工大学出版社，2019.

[28] 王然.传统文化在人物形象设计上的运用[M].长春：吉林美术出版社，2019.

[29] 邵洛羊.中国美术大辞典[M].上海:上海辞书出版社，2002.